工业设计专业系列教材

企业设计战略

姜 霖 张 楠 著

电子工业出版社
Publishing House of Electronics Industry
北京·BEIJING

内 容 简 介

本书比较系统地总结、分析了企业设计战略的相关内容，从企业发展历程、经典产品、设计战略、轶事趣闻等角度解读工业设计，是设计、工商管理领域的重要学习资料，在教学方面具有重要的实践意义。全书分为15章，内容选取徕卡、谷歌、索尼、苹果、飞利浦、无印良品、故宫博物院、双立人、丰田、肯德基、可口可乐、网易、宜家家居、农夫山泉、B&O共15个著名企业的案例。

本书可作为高等学校工业设计、产品设计、工业工程等相关专业的教材，也可以作为设计爱好者的参考书。

未经许可，不得以任何方式复制或抄袭本书之部分或全部内容。
版权所有，侵权必究。

图书在版编目（CIP）数据

企业设计战略 / 姜霖，张楠著. —北京：电子工业出版社，2021.8
ISBN 978-7-121-41576-0

Ⅰ.①企… Ⅱ.①姜… ②张… Ⅲ.①工业设计－高等学校－教材 Ⅳ.①TB47

中国版本图书馆CIP数据核字（2021）第138384号

责任编辑：赵玉山
印　　刷：中国电影出版社印刷厂
装　　订：中国电影出版社印刷厂
出版发行：电子工业出版社
　　　　　北京市海淀区万寿路173信箱　邮编：100036
开　　本：787×1092　1/16　印张：15　字数：384千字
版　　次：2021年8月第1版
印　　次：2021年8月第1次印刷
定　　价：79.00元

凡所购买电子工业出版社图书有缺损问题，请向购买书店调换。若书店售缺，请与本社发行部联系，联系及邮购电话：（010）88254888，88258888。
质量投诉请发邮件至 zlts@phei.com.cn，盗版侵权举报请发邮件至 dbqq@phei.com.cn。
本书咨询联系方式：（010）88254556，zhaoys@phei.com.cn。

前 言

第二次工业革命以后，批量化生产所形成的市场竞争，促使设计行业迅速兴起。经过多年发展，设计早已超出了早期单纯的样式创作领域，延伸到企业文化、新产品开发、市场营销、企业管理等各个方面，对企业的生存和发展产生了重大影响。设计战略是企业经营战略的重要组成部分，是企业有效利用设计利器提高产品开发能力、增强市场竞争力、提升企业形象的总体战略。

此前学术界虽然已有学者从各个方面对企业设计战略展开研究，但论述的广度和深度都难以令人满意。因此，系统地梳理著名企业的设计发展历程，分析其产生的背景，概括其完整的理念和思想，介绍其经典产品以及产品背后的故事，归纳其发展趋势，无疑会以更完整的形式将企业设计战略推向大众。

本书通过整理国内外著名企业的发展历程，解读不同时代背景下的企业设计战略，以帮助读者更深入地理解企业与设计的关系。全书列举了徕卡、谷歌、索尼、苹果、飞利浦、无印良品等 15 个著名企业的案例，从企业文化、经典产品、设计策略、评价体系、趣闻轶事等角度解读企业设计战略，是设计学、工商管理等领域的重要学习资料，在企业经营、产品开发方面具有重要的实践意义。

本书可以使读者更全面、更完整地理解和掌握企业设计战略的内涵。另外，本书图文并茂、案例丰富，故能够提高读者的阅读兴趣，增强读者对企业设计战略相关知识、基本理论、策略方法和具体案例的理解。

目 录

第 1 章
徕卡：机械时代的传奇 ········· 001

一、关于徕卡 ················· 001
二、徕卡相机的诞生 ············· 002
三、经典的徕卡 M 系列相机产品设计 006
四、徕卡发展危机及应对策略 ······· 013
五、徕卡趣闻轶事 ··············· 019
六、小结 ······················ 021

第 2 章
谷歌的设计美学 ············· 022

一、企业标识的演变 ············· 023
二、极简主义的设计理念 ········· 024
三、谷歌的设计美学 ············· 026
四、谷歌的战略支柱 ············· 028
五、谷歌趣闻 ·················· 029
六、小结 ······················ 031

第 3 章
索尼的辉煌之路 ············· 032

一、索尼的旅程 ················ 032
二、索尼的经典产品 ············· 037
三、索尼设计战略分析 ··········· 040
四、索尼趣闻 ·················· 041
五、索尼的价值观和愿景 ········· 042
六、小结——从伟大到衰落 ······· 043

第 4 章
传奇的苹果设计 ············· 044

一、苹果公司的传奇发展史 ······· 044
二、传奇产品设计：iMac、iPod、
iPhone ···················· 048
三、苹果公司发展战略 ··········· 058
四、苹果的轶事与趣闻 ··········· 060
五、小结 ······················ 066

第1章

徕卡：机械时代的传奇

一、关于徕卡

徕卡（Leica）是由一家同名的德国公司（徕卡集团）生产的照相机品牌，由徕茨（Leitz）和照相机（camera）的前音节组成。徕卡集团的原名为恩斯特·徕茨公司，目前拆分为三家公司：徕卡相机股份公司、徕卡地理系统股份公司和徕卡微系统股份公司。它们分别生产照相机、地质勘测设备和显微镜。"徕卡"品牌由徕卡微系统股份公司持有，并授权另两家公司使用。徕卡相机最初问世于1913年（见图1-1），是世界上最早的35毫米照相机。

昂贵的价格是徕卡的品牌标志，同时伴随着一种精湛的制作工艺以及深厚的文化底蕴——每一部徕卡相机都可以陪伴我们走过一生。有一位多年收藏徕卡相机的老先生，半夜总是从床上爬起来，拿出徕卡相机，轻轻按动快门，倾听那金属机件发出的依稀可辨的咔嚓声……

关于徕卡的故事，常常让人心动，它身上的魅力和灵性，已成为许多人的向往。

由德国徕茨公司产的徕卡相机由于结构合理、加工精良、质量可靠而闻名于世。20世纪20年代到50年代，德国一直雄踞世界照相机王国的宝座。徕卡相机也是当时世界各国竞相仿制的名牌相机，在世界上享有极高的声誉。在20世纪50年代到60年代，徕卡已经相继研制出了2型、3型相机，与此同时开始研制G系列的1G、2G、3G相机。其中2G相机仅出了15台，而且这15台相机还没有在市场上销售过，也没有独立编号。因此，徕卡2G相机成了收藏爱好者追捧的精品。1954年，M系列开始生产，它是G系列的改良品，到目前为止，徕卡M系列仍在出新产品。徕卡相机的特点是坚固、耐用及性能好，这使得它成了军用相机的首选。在第二次世界大战中，徕卡相机成了当时随军记者的重要工具。与民用徕卡相机不同的是，军用徕卡相机一般在编号的后边再带一个K字母，且一般为白色、黑色、深灰色和草绿色。徕卡相机的传奇一直都在延续，直到今天它仍然是相机中的佼佼者。

图1-1　徕卡企业发展路径

二、徕卡相机的诞生

在80多年以前，人们所看到的相机多数还是体积巨大的：笨重的木壳机身、固定的镜头、固定的快门速度、8厘米×13厘米的大玻璃底片配上沉重的三脚架，携带极不方便。当时，拍照对摄影师来说，是一项艰苦的劳动，而对普通人来说，则是一件繁琐而昂贵的事情。

在德国中西部，有一座名叫"威兹勒"的小镇。在绿色的山丘之间，有高高低低的古塔、木结构的建筑、窄窄的街巷和宁静的生活。19世纪末,这片地区曾是德国光学和精密制造工业的重要基地。而世界著名的徕茨公司和徕卡相机,就是在这里诞生的。

徕卡相机的历史起源于20世纪初,那时有一个男人开始寻求用小底片印出大照片,徕卡相机历史的第一页就此被掀开。这个男人叫奥斯卡·巴纳克(见图1-2),是一位狂热的摄影爱好者。

1931年,他在库尔特·埃曼的杂志《徕卡相机》中回忆道:"当时大概是1905年前后,我用我的13厘米×18厘米(5英寸×7英寸)画幅的干版相机勤奋地进行拍摄,随身还要携带6个双底片盒以及一个货样箱似的大皮箱。在星期日,我徒步旅行图林根森林时,这无疑是个沉重的负担。我一定是在向山顶攀爬时(这时我的哮喘已经有点发作了)产生了这个想法:难道没有别的办法吗?"

图1-2 奥斯卡·巴纳克

"不论如何,我依然很清楚地记得,我如何开始尝试将13厘米×18厘米的底片分成小幅面,并用一个广角镜头和一种特殊步进设备将15~20个图像依次排列在一张干版上。但这一尝试彻底失败了:由于干版感光膜的颗粒十分粗糙,被放大的照片看起来一点也不动人。因此我暂时搁置了这个想法,但针对静态照相机的"小底片、大照片"的概念已经诞生了。我的工作在1911年发生了变化,那时我进入威兹勒市的恩斯特·徕茨光学工厂工作,这成为我工作的转折点。我的活动领域延伸到其他一些领域,包括电影曝光设备技术领域。1912年,我设计了自己的第一台电影摄影机。随后通过使用电影胶片精细的感光颗粒,我很快步入正轨:将一个标准的电影胶片画面放大到明信片大小,这已经可以被接受了。"

讲述这段历史时,奥斯卡·巴纳克还提到,那时他对自己有了更高的要求:努力得到比明信片还要大的照片。出于对图像质量上的考虑,他将电影胶片的标准规格18毫米×24毫米扩成24毫米×35毫米(见图1-3)。据他所言,随后他还为适应更大的画幅而专门制造了一台相机。巴纳克使用了静态照相机,以便用一小段标准的电影胶片来了解拍摄电影时正确的光圈设定,并测试镜头。他这样做是为了节省底片,因为一台普通的电影摄影机的曝光测试和测试静态需要使用大量底片。

图1-3 35毫米胶片相机

到底巴纳克是先用这台相机来了解电影胶片的感光度后再用来照相，还是先构思出这台相机，然后进行胶片测试？种种猜测都没有得到证实，但后者的可能性更大。甚至有人猜想，巴纳克在进入徕茨工作之前，就已经在业余时间反复思考，如何将电影胶片运用到静态照相机中了。

图1-4　恩斯特·徕茨一世

不管是先使用一台相机测定电影胶片的速度，而后用它拍摄静态照片；还是先制造一台可以拍摄静态照片的相机，而后用其测定电影胶片速度，可以确定的是，奥斯卡·巴纳克发明这台相机完全是为了自己私人使用。在得到恩斯特·徕茨一世（见图1-4）的允许后，他可以在徕茨公司的一个车间里生产这台相机，这与付给他薪水所要做的工作完全不同。在此期间，他被提升为显微镜研究部门的主管。

1913—1914年，巴纳克在威兹勒使用24毫米×36毫米电影胶片拍出的第一张照片，印证了他的想法是正确的。这台小型照相机如今被称为"徕卡"，当时的公司总裁恩斯特·徕茨一世也频繁使用这款相机拍摄，它现已被安放于徕卡博物馆内。而这台相机的另一款已经丢失，它也许是具有相同的技术特征，或是改良版，这些我们就不得而知了。巴纳克将这两款相机分别命名为原型1号和原型2号。

作为有经验的设计师和摄影爱好者，巴纳克当然知道自己设计上的缺陷，但第一次世界大战的爆发阻碍了这个原型机的继续研发。1918年到1920年间生产出一台改良版相机，巴纳克将它命名为"原型3号"，这台相机现在同样收藏于徕卡博物馆内。

除了相对于Ur-Leica（原型1号）所做的许多变动和细节改进，原型3号还具有一个特殊的设计特征：Ur-Leica的胶片平面帘幕快门的开缝宽度是固定的，而这台相机的快门开缝宽度可以调整。它有6挡快门——从1/20秒到1/500秒，相比之下，Ur-Leica只能通过改变快门弹簧的张力设定2挡快门，一挡是电影摄影机上的1/40秒快门，另一档是可供选择的1/20秒快门。在徕卡相机股份公司的档案中，存有大量奥斯卡·巴纳克用Ur-Leica所拍摄的照片。其中最有名的当属1913年在威兹勒的埃森马克广场拍摄的，徕茨一家与巴纳克的相遇（见图1-5）。

图1-5　徕茨一家与巴纳克的相遇

20世纪20年代初，人们考虑将巴纳克式的相机投入批量生产。当然，这一想法也是由当时低迷的经济形势和恩斯特·徕茨二世为确保员工工作岗位的考虑所决定的。因此，未来的畅销产品呼之欲出。1923年到1924年间，徕茨公司设计了预生产型号（见图1-6），称之为"0

号相机",这是恩斯特·徕茨二世作为检验新型相机的市场商机而生产的。

遗憾的是,关于这款相机实际的生产数量没有可信的档案记录。依照现行说法,很可能只生产了25台,机身号从101到125。0号相机与此后生产的徕卡型相机(A型)在许多基本点上都相吻合,前者的取景器更为简便:"0号相机"拥有可折叠的光学框线取景器和指针瞄准器。有消息称,后期生产的"0号相机"改为安装徕卡I型(A型)那样的直视取景器。

图1-6　"0号相机"(预生产型号)

图1-7　马克思·贝瑞克教授

"0号相机"的重要意义在于,它使用了由马克思·贝瑞克教授(见图1-7和图1-8)特别为24毫米×36毫米设计的镜头,为五片三组结构,可折叠入相机机身内部。

在第一次批量生产的过程中,这款镜头为新颖的徕卡相机迅速取得成功做出了巨大贡献。与Ur-Leica和原型3号相同,"0号相机"的胶片平面帘幕快门还不能相互叠压上,因此在卷片时需要在镜头上盖一个镜头盖,用细绳将它固定在机身上。由于卷片和快门上弦已经联动,故可以避免出现重复曝光。

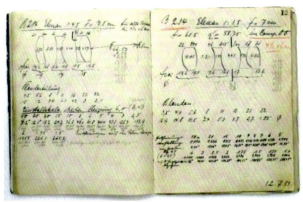

图1-8　马克思·贝瑞克教授的工作日志

与原型3号类似,它也有5挡可调节的快门,约为1/20秒、1/50秒、1/100秒、1/200秒和1/500秒。不同的是它的胶片无须从一个卷轴转到另一个卷轴上,而是由一个为这款相机特别设计的暗盒提供。这样,在白天也能够为相机装胶卷,在照完的胶卷退入暗盒后可以在日光下将其取出。这个方法迄今仍用于所有的35毫米照相机。

"0号相机"生产出来后,被分发给企业管理层成员、代理商和顾客,从而可以了解他们对这款全新相机未来市场商机的看法。专家们对于这款设计新颖的相机并非完全肯定,其中大部分人反对实施这个计划项目。据报道,经过一段长时间的激烈争论后,恩斯特·徕茨二世宣告决定:"我们现在结束讨论!我决定,生产巴纳克的相机!"传说,这时已经是中午12点半了,而徕茨二世的习惯是12点准时开始吃午饭。

从1914年到1923年,"原型徕卡"共制造了31台,机身编号从100号开始。而在1924—1925年,徕茨工厂在典型的德国理念指导下生产,小心谨慎,制造了800多台A型徕卡,机身编号达到1000。徕卡(Leica)这个名字,由徕茨(Leitz)和相机(Camera)两组英文词的字头组合而成(Lei - Ca)。最初,也曾按读音组成"LECA"(勒卡),但由于与法国克待乌斯公司1924年推出的使用35毫米无齿孔胶卷的"EKA(爱卡)"相机发音易混淆,就改为"Leica"(徕卡)。因此,相机的起名比制造晚,尽管相机的牌子确定为"徕卡",但一直都没有将牌子刻在相机上,直到1932年出的徕卡II型双取景器相机才刻上这个名字。而此前相机上刻的是"厄恩斯特·徕茨威兹勒"(ERNST LEITZ WETZLER),以及字母"D R. P."(Deutsche Reichs Patent的缩写,意为"德国专利")。

"徕卡"不仅代表一种新的相机型号,它也是当时第一套摄影系统(包括相机放大机和放映机)的名称。80多年来,徕卡相机的发展显示出世界相机发展的历史轨迹。与此同时,许多摄影师用徕卡相机记录下人类生活中的无数重要瞬间和平凡人生。因此,徕卡相机的发明不仅促进了人类摄影历史的发展,也为推动人类社会的发展做出了巨大贡献。

三、经典的徕卡M系列相机产品设计

1. 徕卡M系列旁轴相机全集

徕卡M系列旁轴相机全集如图1-9所示。

2. 绝对的经典设计

设计风格鲜明——这是许多刊物对徕卡M系列相机的描述。几十年来,这个系列的相机一直保持着固有的外形。如今,它依然显得那么时尚和优雅。除了精密和耐用的特点,设计也是决定产品整体质量的因素之一。具体来讲,这不止包括形态和外部构造。著名工业设计师迪特·拉姆斯认为:"最理想的情况是,设计能够取代操作说明书。"20世纪70年代,当设计师中最具革命性的潮流开创者卢吉·科拉尼被问到对徕卡M系列相机的外形有何看法时,他只提了一个建议:"上帝啊,请不要做任何改变。"

徕茨公司和徕卡相机的许多摄影器材和仪器都获得过多项国家和国际的大奖,其中一些是设计奖。徕茨公司和徕卡相机中,徕卡的联动测距相机所获得的表彰是最多的。在该相机刚刚上市的1954年,徕卡M3相机获得波兰马佐夫舍省Wzornictwa Przemystoweg研究所颁发

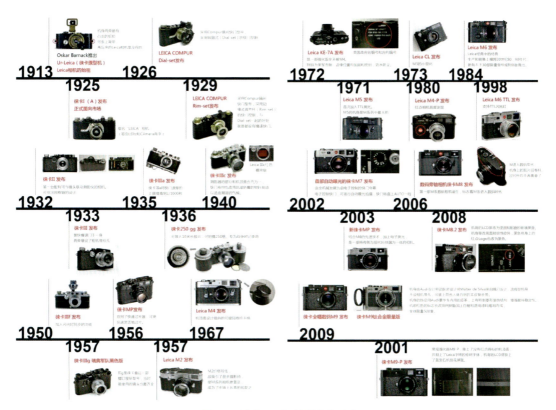

图 1-9　徕卡 M 系列旁轴相机全集

的奖项，这是徕卡相机获得的第一个大奖。在随后的岁月里，其他徕卡机型也获得了大量的奖项。不论是在德国本土，还是在日本、英国或美国等其他工业国家，徕卡 M 系列相机总能登上设计的领奖台。即便是在主要摄影杂志所做的读者调查中，徕卡 M 系列相机也总能博得高度赞赏。这种频繁的嘉奖与徕卡相机在设计上的不断改进是分不开的，即使只是细节上的变动，如拨杆和旋钮。徕卡 M 系列相机最早的顶盖是用黄铜拉制成的；徕卡 M4-P 和 M6 相机，其顶盖材料为压铸的锌合金；而徕卡 MP（见图 1-10）和 M7 相机的顶盖则由坚固的黄铜铣削而成。为此要重新制定边缘半径，改变取景器窗口保护玻璃的安装方法，亮框线和测距仪也做了相应的改进。在如今的徕卡 M 系列相机上，这些设备都被安置在顶盖上，简洁而便于清理。

图 1-10　徕卡 MP 相机

图 1-11 克劳斯·戈伯特

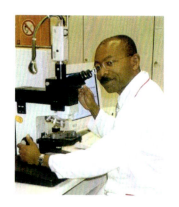

图 1-12 马塞尔利努斯·伊博博士

一开始，徕卡 M 系列相机的顶盖就是镀铬的，涂漆的顶盖多用于黑色款相机。因此，当 1972 年徕卡 M5 相机推出黑色的镀铬款式时，引起一阵轰动。徕茨公司相机表面加工部门的专家克劳斯·戈伯特（见图 1-11）与外来的电镀专家和徕茨公司的电镀部门合作，寻找生产抗磨损的表层均匀的、无瑕疵的黑色镀铬层的方法。

徕茨公司是世界上第一家全面掌握这一电镀技术的公司。几年之后，其他的相机生产商才能够提供拥有这种外饰的相机。而从那时起，徕卡摄影师又转向涂漆工艺来生产相机。为了满足对于油漆耐用性的更高要求，徕茨公司的化学家马塞尔利努斯·伊博博士（见图 1-12）进行了相关研究，并制定出加工指导意见。

当然，油漆比镀铬层或电镀层脆弱。但许多摄影师很珍视随着时间的推移机身上产生的"铜色"，它代表了照相机在摄影过程中的使用痕迹，这是由于机身边缘的漆逐渐脱落后露出的黄铜所造成的。他们甚至为拥有这样一台相机而自豪，因为这是他们频繁地使用徕卡相机作为拍摄工具的证明。

相机机身的不同饰皮，也是徕卡 M 系列相机的设计特点。在选择这些材料时，不仅要遵守皮革的物种保护条例，还要彻底分析其特性。如它们在手出汗时的反应如何、表面的耐用性如何、用何种黏合剂与机身黏合等，这些问题都由伊博博士负责处理。

饰皮的外表，如颜色、结构以及当摄影师将一台徕卡相机握在手中时的"手感"，都是设计师设计相机的重要衡量标准。所刻的填色数字和字母也是重要的设计风格因素，它们所用的字体和位置会给使用者的情绪带来很大影响。刻在徕卡 MP 相机顶盖上飘动的"Leica"字体，或是徕卡 M7 相机上红色的标志"徕卡点"——徕卡照相机股份有限公司的商标和 LOGO，都是这一标准最好的证明。

尽管进行过不少变化和修正，但自 M2 相机（见图 1-13）之后，几乎所有徕卡相机都延续了这一设计。

当 20 世纪 50 年代初，徕卡 M3 相机作为第一款全功能样机被推出时，设计师已经规定好它的外形。身为一位雕刻家，路德维希·徕茨博士深信，一款相机最终的外形要由一位能够像

图 1-13 1958 年的徕卡 M2 相机

雕刻家一样进行"三维立体思考"的设计师制定。经过与摄影器材设计部门负责人威利·施泰因和造型部门负责人阿道夫·格罗斯的探讨,后者建议请路德维希·徕茨在大学时的雕塑课教师为他们推荐一位学业有成的年轻人。当路德维希·徕茨博士专程去拜访汉诺威上大学时的施伊恩斯图尔教授时,他在一间画室中遇到了海因里希·扬克。当时扬克正在准备浇铸一件青铜艺术品,这引起了徕茨博士极大的兴趣,他与这位艺术大师的学生扬克就他的作品聊了很长时间。扬克后来仍然能记起,当时路德维希·徕茨博士问他是否知道徕茨公司,并询问是否愿意到他在威兹勒的公司进行艺术创作。尽管扬克表示出一定的兴趣,但当时两人并没有达成进一步的意向或形成具体协议。扬克不久就忘记了这次相遇,而几个月后,一通来自徕茨公司人事部的电话提醒了他,询问他何时到威兹勒来,这里的人们早就在等待他了。

误会最终得以澄清,扬克签署了工作合同,并在短时内就递交了他设计的新型徕卡相机的草图,但他的设计方案并没有得到一致认可。公司中许多责任设计师和市场营销人员都认为,设计风格要与相机的价值相配,而看起来具有更高的价值感。所以扬克又对相机顶盖进行了雕刻式加工,并为所有的前窗附加上框架(见图 1-14),为测距器增加了延伸加长的凸起部分。这使得徕卡 M3 相机的外形焕然一新,但缺点是这些工作耗时较长,仅仅一项必要的后续手工研磨工作就至少花 30 分钟。

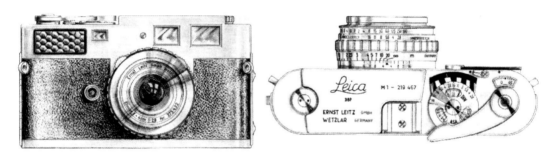

图 1-14　20 世纪 50 年代的拥有固定镜头和康派快门的联动测距相机设计草图

出于成本考虑,这种机身顶盖没有成为徕卡 M3 相机价廉物美的选择。此外,人们还期待这次相机款式与徕卡 M2 相机能有明显区分,公司的所有负责人一致决定,将扬克的第一份设计草案运用到第二款徕卡 M 系列相机上。1958 年,这一设计亮相于众,它至今仍是徕卡 M 系列相机外部特征的标志。

3. 辛勤的奉献:完美解决每一细节

设计师和工程师要严密地、富有创造性和革新性地对每台徕卡 M 系列相机上不起眼的细节进行研究,其细致程度远非人们所想。机身上的吊带孔、皮吊带及其固定装置就是一个绝好的例子(见图 1-15)。

现代徕卡 M 系列相机机身上的钢质吊带孔第一眼看上去与以前的款式相同。明显的区别仅仅在早期的徕卡 M3 相机和完全不同的徕卡 M5 相机上能够找到。而对于 M 系列其他几款相机来说,只有通过近距离观察和对比才能发现它们的钢质吊带孔在形状、材料、生产工艺以及其他固定装置上的多种变化。图 1-16 为从经典的徕卡 M3 相机皮吊带到如今现代化的挂钩式吊带的发展过程。

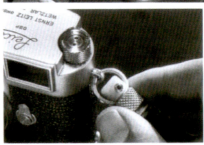

图 1-15　早期试验中的皮吊带固定装置　　　　图 1-16　挂钩式吊带的发展过程

最初这些吊带孔由黄铜制成，并镀以银色的铬或涂以黑漆。由于高速镜头逐步上市，镜头越来越重，而相机机身又额外安装上卷片马达和闪光灯，皮吊带所承载的设备重量不断增大，导致并不坚硬的黄铜吊带孔逐渐磨损变薄。如果频繁使用"沉重"的设备，吊带孔甚至可能断开，而使用钢质的吊带孔就可以避免出现这种情况。但在20世纪70年代中期，批量生产坚硬的钢质吊带孔从经济角度看并不具备可行性。

同样，徕卡 M 系列相机配备的皮吊带和它固定在相机吊带孔上的方法都经历了多次更改和重新构造。现在看来，带有钢质卡圈的狭长皮革吊带是徕卡皮吊带的经典之作。它与早期的徕卡 M 系列相机款式搭配使用，但它不适合也不能够承载较重的设备，在剧烈活动或突然拉拽的情况下，卡圈甚至可能脱离吊带孔，特别是当黄铜吊带孔的壁厚由于磨损而变薄的时候。避免这种情况最简单的方法是使用更坚硬的弹簧钢进行生产或把卡圈设计成三角形，但这样一来，使用者就需要用一种特殊工具把卡圈安装到吊带孔上。徕茨公司没有像其他相机生产商一样，选择在生产时就把卡圈安装到相机吊带孔上。因为一个没有皮吊带，却在吊带孔上悬挂着卡圈的相机看起来就像一只小猎犬的耷拉耳朵。沃尔夫冈·穆勒，当时的摄影器材销售部门经理，绝对禁止徕卡 M 系列相机给人以这样的印象，尤其是在展览会和橱窗中。

因此，徕茨公司必须研究出一种新的解决方案，即采用一种舒适的、可调节的皮吊带，其不褪色、防滑、经久耐用、悬挂安全。而且，这种附件的组装要简单快捷，外形美观并且不影响摄影。

徕茨公司外形设计师 H.J·乌伦贝格通过与设计部门和生产部门的工程师们合作，最终寻找到成本合理的批量生产钢质相机吊带孔的生产工艺，并首次用在徕卡 M4-2 相机上。但乌伦贝格所构想的带有新型固定装置的合成纤维织物吊带却进展缓慢，因为当时还没有生产皮吊带所用织物的编织机，合成材料和用于生产目前吊带上的防滑回形针的独立喷射成型技术塑料尚待研发，同时还缺少将吊带上防滑物质硫化处理的经验。这就是为什么自20世纪70年代中期接连诞生了各种皮吊带,它们在使用过程中还是不断地被修改。现在生产的吊带,其最终的优化是由索姆斯的徕卡照相机股份有限公司的设计师恩斯特·吕尔完成的,他还设计了更小、更优雅的塑料空心轴套用于固定吊带。最新的改进则有效地避免了错误安装吊带后可能出现的问题。

在1990年秋发表的一份刊物中,有一张由摄影师由朱利安·帕克在"皇室温莎马展"上拍摄的英国女王伊丽莎白二世的照片。徕茨公司产品经理贝恩德·亨里奇发现,女王手中的徕卡M6相机的皮吊带安装得并不正确(见图1-17)。为了避免相机可能因意外跌落到地上而出现损伤,身处索姆斯的亨里奇立即通知了英国的徕卡公司代表,后者迅速将情况反映给王室秘书处。几天之后,一封来自白金汉宫的信证实了女王伊丽莎白二世得到这一消息的事实。在信中,女王的秘书对徕卡公司在英国的代理商J.M.格里芬的细心观察表示感谢。

图1-17　女王伊丽莎白二世手中的徕卡M6相机

4. 理想的变通:合理的配件

人们有充分的理由,通过附件使个人的摄影器材适应自己的需求,以扩展个人的摄影途径。针对徕卡M系列相机和镜头,徕茨公司一直拥有一套相应的合理计划,比如,为了携带安全而提供各种样式的摄影包——如果徕卡M系列相机安装了徕卡M镜头携带座(见图1-18),那么宽大的皮吊带可以提供更舒适的感觉;而装上手柄(见图1-19),可以更安全、更舒适地把相机握在手中,特别是在使用更大或更重的镜头时。

图1-18　镜头携带座　　　　　　　　　图1-19　装上手柄

图 1-20　取景器放大器

同样有用的是 1.25 倍 M 系统取景器放大镜（见图 1-20），在使用 50 毫米或更长的焦距拍摄时尤其有用。通过它，取景器中的图像明显变大，使人们能更好地识别出被拍摄景物的微小细节。由于测距器的测距基线同时被相应加长，因此可以更准确、更迅速地对焦。从可旋进相机取景器和通用取景器的屈光度校正透镜，到合式三脚架、球形云合和快门线，再到 EICAVT M 手动卷片器、M 系统卷片马达和小型徕卡闪光灯 SF 24D，使用者都可以自由选择。当使用者购买新的镜头时，公司还免费提供一个皮套用于运输徕卡 M 镜头，它也属于整个包装的一部分。

图 1-21　小型幻灯机

广义上来讲，翻拍仪器也应当属于实用的摄影附件。如今，徕卡公司提供的小型幻灯机的品种从小型幻灯机（见图 1-21）到多媒体投影展示上的顶级机型，即便每种徕卡幻灯机的技术特点都各有不同，但它们都有一个共同点，即徕卡相机的照明光学系统和投影镜头带来的极高翻拍质量，包括亮度、饱和度和清晰度（见图 1-22）。

图 1-22　闪光灯 SF24 和五倍放大镜

5. 徕卡 M 系列相机的 DNA

（1）外观——半个世纪不变的脸

徕卡相机身形小巧，极易携带，且始终保持简洁的外观与设计。徕卡主要产品的外观设计奉行了其企业的核心价值观 "Focus on the essential"，在相机上仅保留快门、调整快门和光圈等基本操作，为摄影者提供一个简洁、快捷、专注的操作界面。这使得徕卡有别于其他单反相机繁琐的操作界面，不论是外观还是操作方式都显示出独特性。

（2）功能——快门轻盈、震动小

徕卡秉承"直接而称心"的拍摄理念，时刻关注用户需求并推出新产品。据美国法院不成文的规定，记者进入法院采访只能使用徕卡 M 系列相机，使用其他相机谢绝入内。这正是由于徕卡旁轴相机没有反光镜箱，只有快门开启的声音且其精良的制作令快门声音很小，几米外几乎听不到声音，徕卡相机确实是采访、法院开庭、音乐会、各种会议的首选相机。

（3）性能——坚固、耐用、有保障

徕卡相机经历百年，历经两次世界大战。其坚固、耐用的性能有目共睹，尤其在第二次世界大战期间得到了充分的体现。不论多么严酷的环境都能正常工作，因此徕卡相机成了军用相机的首选，是当时战地记者的重要拍摄工具。

由于其坚固、优异的性能，战争中的徕卡相机不仅可以用来记录战争的残酷，有时还可以救人一命，如图 1-23 所示的这台徕卡 II 相机就在紧急关头挽救了生命。战地记者被子弹击中前胸，子弹的冲击力将他打倒在地，倒在地上后他才发现子弹正好击中了他所挂在胸前的徕卡相机，且没有打穿相机的机身，他因此幸存。这台徕卡相机现被陈列在德国索尔姆斯博物馆内。

图 1-23　防弹徕卡相机

（4）价值——收藏意义

徕卡的每台相机都拥有一个单独编号（见图 1-24），此编号从第一台开始至今都是连续的，极具收藏价值。此外，徕卡每款新型号相机均会推出纪念版、特别版或者合作款，且发行数量及相机上的数字刻印都有其特殊的含义，是徕卡相机收藏家的挚爱。

图 1-24　徕卡机顶显示型号及编号

四、徕卡发展危机及应对策略

1. 徕卡发展危机

徕卡的全盛时期持续到 20 世纪 60 年代，在上半个世纪的很长时间内徕卡都处在无可撼动的地位，是世界诸多相机品牌竞相模仿的对象，直到单反相机和数码相机的生产和流行，徕卡的旁轴相机面临着前所未有的挑战。

日本于第二次世界大战后工业迅速发展，一大批相机制造商如雨后春笋般涌出。它们所生产的单反相机价格相对低廉，比起旁轴相机，单反相机具有取景范围大、可自动对焦、镜头兼容度高等优势，这些优势使得相机从一件专业的工具演变成千家万户都可拥有的大众消费品。但此时的徕卡还一直对于自己是否应该进军单反相机市场犹豫不决，毕竟，旁轴相机才是徕卡的发家之本。而且，对于专业摄影师来说，旁轴相机仍然具备许多优点，比如单反相机拍照时，反光镜会抬升，每按一下快门都会发出比较响的声音，而旁轴相机因为构造原因，拍照时非常安静，这很适合摄影师想要在不引起拍摄对象注意时使用。就在徕卡摇摆不定之时，1952年的宾得生产出日本第一台单反相机，时隔五年，尼康又推出第一款镜头可更换式的单反相机F。因为尼康F的成功，徕卡不得不紧跟其后，于1964年推出第一台单反相机。

相机消费市场的第二次转变是数码相机时代的来临。1975年，柯达实验室研发出了第一台数码相机；1995年，卡西欧推出了一款带有LCD屏的数码相机，这项设计成为后来数码相机的重要特征；1996年，奥林巴斯、佳能和徕卡都推出数码相机，但不同的是，奥林巴斯和佳能的相机针对大众消费者。而徕卡的首款数码相机S1主要针对图书馆和研究机构使用者，大大缩小了购买人群范围。2001年，徕卡和松下合作的Lumix系列数码相机推出，是徕卡真正意义上推出的第一款大众数码相机。此时距离数码相机技术被发明出来已经26年了。比起单反相机，数码相机对徕卡的冲击要大得多，因为如今数码相机的销售占全球市场的90%以上。在新的相机消费潮流中，徕卡成了迟到者。

这两次相机革命都"慢一拍"的徕卡最终后果直接体现在糟糕的财务报表上，徕卡在2004年度财政报告上显示亏损额高达1810万欧元。第二年亏损额有所收窄，但仍然高达924万欧元。这种亏损的状态一直持续到2009年，才逐渐扭亏为盈（见图1-25）。

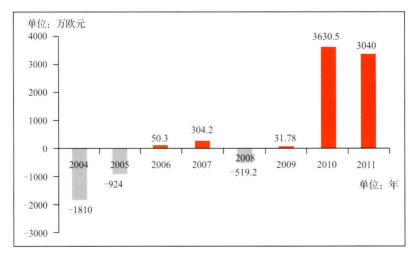

图1-25 徕卡2004—2011年净收入（损失）

2. 徕卡股份变动

2005年，奥地利私人股权公司ACM开始入股徕卡。ACM的持有者是奥地利商人Adrea

Kaufmann，其自身也是一名徕卡爱好者。进入徕卡之后，Kaufmann 就开始了他改造徕卡的计划，采取一系列措施试图挽救徕卡糟糕的财务状况和产品策略，希望能重建徕卡当年的全球地位与声誉。徕卡不断投入资金开发新产品，面向大众推出新产品，同时将目标市场转向新兴亚洲市场。

2006 年，徕卡将具有 70 多年历史的 M 系列相机第一次引入数码感光元件，推出了第一款数码旁轴相机 M8，对最重要的 M 系列做出改变，反映了其的确是想做出一些改变了，只是这款产品因其高昂的价格销售情况并不理想。

2007 年，ACM 通过收购爱马仕手中所持有的 36.2% 的股份（见图 1-26），完全拥有了徕卡，Kaufmann 亲自担任 CEO。Kaufmann 上任以后，徕卡开始把注意力转向具有消费能力的年轻人市场，进一步拓展徕卡的产品线，从日本制造的卡片机到德国制造的单反，各个价位都有所分布。

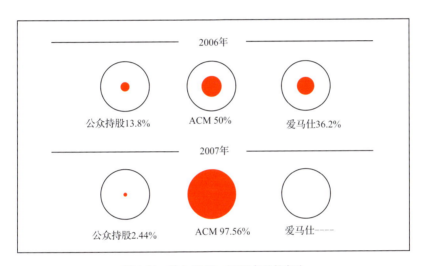

图 1-26　徕卡 2006—2007 年股份变动

2009 年徕卡继续推出 M 系列新产品 M9，同时又创立了两条新产品线：面向高端的中画幅单反相机 S 系列和面向高性能便携机的 X 系列，受益于逐步完善的产品线和亚洲等新兴市场的爆发，徕卡开始大步进行全球扩张。2010 年度的盈利较上一次盈利大翻 12 倍，达到 3630 万欧元。

2014 年，徕卡又推出了新的微单相机 T，全铝机身延续了徕卡良好质感的设计风格。

3. 徕卡打造差异化战略

（1）产品差异化

徕卡相机"价高质优"的特点，也让其与其他品牌相机产生显著的差异化。第一部相机诞生以来，在相机发展史上能称得上著名品牌的可能有不少，这些甚至在我们生活的周围随处都可以看到。但是，在相机发展史上，选择某一个品牌的相机对于用户来说，不是选择一部相机，

图 1-27 徕卡胶片相机

而是选择一种生活方式。能被这样定义的品牌可谓少之又少了，而著名的德国徕卡则成了为数不多的那一个。

徕卡关注新需求，大力发展数码产品的同时兼顾经典的胶片机。徕卡在数字化进程中创立了面向高端的中画幅单反相机 S 系列和面向高性能便携机的 X 系列两条产品线。同时又推出了 M7 和 MP 胶片相机（见图 1-27）以满足纯粹而简单的胶片摄影爱好者的需求。让发家之本的经典再次成为形成差异化的一个关键点。在 2012 年 5 月，徕卡另辟蹊径，推出拍摄全黑白照片的徕卡 Monochrom 相机（见图 1-28）。对于专业的纪实摄影师而言，黑白照片天然的故事性更适合拍摄纪实作品，而徕卡切合了这种需求并专门对感光元件进行优化得以获得极高的画面解析能力。

图 1-28 徕卡 Monochrom 相机

（2）品牌差异化

徕卡作为一个相机品牌，对自身的品牌定位却非电子消费品，而是奢侈品品牌。首先在品牌形象上对消费者而言就与其他相机厂商形成了巨大的认同度差异。徕卡始终坚持高端、奢侈与德国制造。大量的日本厂商把低端的相机产品选择在中国、东南亚等劳动力廉价的地区生产，而徕卡始终坚持在德国本土生产，甚至镜头上的 "Made in Germany" 都是技术工人人工雕刻的（见图 1-29）。

图 1-29 技术工人装配与雕刻

徕卡将使命感与文化注入自己的品牌之中，以此成功包装了自己的品牌。徕卡将过去一些传奇的名字，包括布列松、Elliott Erwitt、Robert Capa、Robert Frank，甚至英女皇等，还有一些用徕卡拍摄的经典照片（见图 1-30），都与今天的徕卡联系起来，营造出一个"徕卡俱乐部"圈子。徕卡还专门设立了 Leica Oskar Barnack Award 奖项（见图 1-31），每年评选一次，以奖励那些关注人类生存境况和时代精神的卓越摄影师。

图 1-30　用徕卡相机拍摄的优秀作品图

图 1-31　Leica Oskar Barnack Award 奖项

（3）服务差异化

为了给消费者打造独一无二的徕卡相机，徕卡特别推出"À la carte"定制服务（见图 1-32），为 M7 或 MP 系列相机做出个性化的改变，可以根据个人喜好与需求，自主选择机顶颜色、机身皮革类型、观景窗框线、操控开关，甚至个人刻字等，组合方式超过 4000 种。

图 1-32　徕卡 À la carte 定制服务

徕卡在全球范围内设立徕卡学院（见图 1-33），目前主要有开办讲座、工作坊和旅游拍摄等活动，也会根据不同相机类型提供开班服务进行针对性的相机拍摄教学，让更多的人了解徕卡相机及其文化。

图 1-33　徕卡学院及周围

（4）营销策略差异化

徕卡定位高端市场，与佳能、尼康等其他日本相机厂商不同的是徕卡并没有采取广招渠道、大量铺货的销售方式，而是选择了普通商铺（Leica Store）+精品店（Leica Boutique）的方式。目前在全球范围内仅拥有 18 家商铺和 19 家精品店。在经销商的选择上追求少而精，徕卡选择了一小群专业经销商，并将他们培训为顶级经销商。这些授权店面选址上以传统奢侈品聚集的路段和地区为主，设计简洁而凝重，以黑色、红色为主色，装修风格显著，拥有浓浓的"徕卡风"，甚至连内部工作人员着装也是如此（见图 1-34）。

图 1-34　徕卡精品店及服务人员

徕卡将亚太新兴市场作为重点，进行跨界合作。徕卡与华为联手，进军智能手机领域，将它带入更多大众消费者的眼中。两大品牌联合打造的华为 P9（见图 1-35）在相机 App 设计中还提供了三种不同的徕卡色彩模式：标准、柔和与鲜艳，同时还有黑白相机模式，这使得 P9 可以拍摄出具有浓烈徕卡风格的照片。此外，P9 的快门音效就是徕卡相机的快门声音，以满足摄影爱好者那一声快门音的亲切与快感。

图 1-35　徕卡与华为合作的华为 P9 手机

五、徕卡趣闻轶事

徕卡相机精湛的制作工艺和深厚的文化底蕴使它售价昂贵。

如今徕卡旁轴 M 系列最低售价也需 1.3 万元人民币，单反相机则达到 20 万元人民币以上，限量款与特别纪念版相机售价更为高昂。曾经的徕卡 0 号原型相机（见图 1-36）在第 32 届 WestLicht 相机拍卖会上以 1872 万元人民币的高价打破了世界最贵相机的记录。

图 1-36　徕卡 0 号原型相机

1. 材料与工艺

徕卡的相机镜头很沉，因为它采用了加入铅等重金属的玻璃镜片，以此增加光学成像效果。而佳能、尼康等品牌多采用树脂镜头，虽然达到了减轻重量的目的，但成像效果略差。

徕卡作为 135 相机的发明者及开创者，在光学技术上达到登峰造极的水平。他们拥有顶尖的技术及光学设计能力。徕卡通过大量使用计算机辅助设计非球面镜片，采用萤石低色散原料和独特的镀膜工艺制作镜片，使得徕卡镜头不论是远距离拍摄还是在弱光条件下，都能提供优异的成像画质。

2. 追求精良的品质

时至今日，徕卡相机仍在德国工厂采用全手工组装的办法生产（见图 1-37）。镜头上的光圈范围等数字均采用人工雕刻与上色。每一台 M 系列相机最后都会附上技师的亲笔签名。据报道参观者曾与徕卡的陪同人员开玩笑说："我这么喜欢徕卡，将来就来你们这里打工吧！"而陪同的员工当场就给了一个否定的答复："您干不了。因为我们的技师都是学徒出身，最快的也用了 18 年才成为合格的总装技师。"在人工费昂贵的德国，熟练相机技师的薪水也是一笔不小的成本，很大程度上表明了相机的价值。

此外，徕卡对于每一台相机在打磨镜片、镜片镀膜、装嵌、检查品质阶段都进行了严格的品质控制。镜头的设计也必须能抵受高达 100 倍的重力加速度撞击，以及在温差 -20℃至 60℃间能正常使用。

法国摄影师爱立克·瓦利，在一次攀登 80 多米高的悬崖中，即将到达崖顶时不慎将一只重 670g 的 F1.4/80mm 大口径镜头掉下谷底（见图 1-38）。当找回镜头时，发现除了外面金属环有损伤外，镜片、调焦、光圈依然能继续工作，他使用这只镜头完成了采访，所拍摄的照片还获得了荷兰自然摄影大奖，那只镜头后经徕卡公司检查，除中心点有一些肉眼看不出来的偏差，整体质量没有影响。

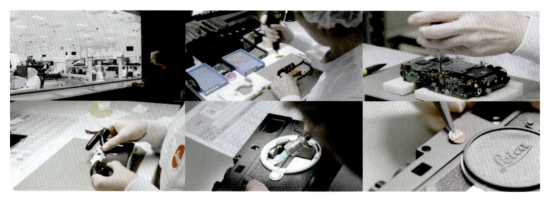

图1-37　严谨和精良的手工制造

3. 量少质优，传承经典

徕卡秉承"手工制造"的理念，坚持"质量就是生命"，将相机认定为摄影师"终生的工具"，不批量生产产品。其昂贵的价格让徕卡成为相机中的奢侈品，因此尽管徕卡的生产量较小，但徕卡的品质精良。据测试，徕卡M6相机的保证精度快门寿命可达60万次，而同级别的其他厂商产品仅为15万次至20万次。

图1-38　从80多米崖摔落的F1.4/80mm镜头

有一次，美国航空摄影师Mark Mayer正在8000多米的高空战斗机上用一架Leica-flexSL2MOT（见图1-39）俯拍另一架飞机，不料因两架飞机相距太近，使飞机突然失控，撞上了被拍的飞机。虽然摄影师和驾驶员还来得及跳伞求生，但他的徕卡相机却没那么幸运，从8000多米高空直坠入加利福尼亚荒芜的沙漠中，事后经多次寻找都未能寻到该相机，直到一年之后才被发现。结果躺在炎热沙漠里一年之久的幻灯底片因为相机机身封闭良好居然毫发无伤。现在这台历经凶险而依旧身无大碍的"神话相机"仍珍藏于徕卡公司的博物馆内。

图1-39　Leica-flexSL2MOT

4. 限量贩售，实行奢侈品策略

2000年，奢侈品巨头爱马仕购入徕卡三分之一的股份，使其更加强调自身高端和奢侈品的形象。徕卡每款相机均会推出限量版、特别版或纪念版。例如2010年，徕卡推出M9的钛合金限量版（见图1-40），全球限量仅500台；为纪念中国辛亥革命100周年，徕卡推出的特别版M7（见图1-41），相机按年份编号，从1911号至2011号，共有101套；此外，徕卡还推出了爱马仕限量版、法国羽绒服品牌Moncler合作版、苹果设计师Jonathan Ive特别版。这些极具收藏价值的限量版相机均比非限量版的包装更精美，且更具特殊意义。

图1-40　徕卡推出M9的钛合金限量版

图1-41　徕卡推出特别版M7

六、小结

　　徕卡已经107岁了，在相机诞生后的总共181年时间里，徕卡参与了其中的一大半。20世纪60年代以前，徕卡相机确实风光无限。它推出了一个又一个具有技术革新性意义的产品，许多如今相机通用的标准、技术也大多来自徕卡。比如，徕卡之后的相机大部分都遵循35mm画幅的定律，即便到了数码相机时代也是如此。尽管21世纪的徕卡在数字化浪潮中落后了，但这家百年企业成功运用差异化战略使自身在行业中建立起有效防御，并赢得丰厚的利润，给广大企业提供了借鉴意义。当然，差异化战略实施的同时也会产生风险。公司必须根据自身状况加之分析市场、竞争对手，从而权衡利弊选择合适的企业战略。总的来说，徕卡的差异化战略是成功的，它符合徕卡高端目标市场的定位。徕卡凭借超高的制造工艺与品牌价值始终保持优势，促使徕卡在推出符合时代潮流的数码相机的同时仍占据经典位置，带给消费者独一无二的体验。一个公司的战略并不是一成不变的，而是根据公司发展的各个阶段进行战略的调整。徕卡管理层曾表示要在十年之内将其全球的市场份额提升至1%，那必又将进行新一轮的战略调整。

　　徕卡相机在100周年纪念广告宣传中说到"我们没有发明相机，可是我们发明了摄影。"虽然徕卡因其昂贵的价格目前市场占有率低，但无可否认它是35毫米相机的鼻祖，是徕卡将摄影从室内带到了室外。目前的徕卡在摄影界仍是品位与身份的象征。时至今日，仍然不会有人怀疑徕卡的"传奇"意义。徕卡这个名字饱含内涵，是相机文化的代名词，和汽车一同代表着德国工业的高水准。

第 2 章
谷歌的设计美学

谷歌公司（Google，简称谷歌）成立于 1998 年 9 月 4 日，谷歌由在斯坦福大学攻读理工博士的拉里·佩奇和谢尔盖·布林共同创建。谷歌是一家位于美国的跨国科技企业，业务包括互联网搜索、云计算、广告技术等，同时开发并提供大量基于互联网的产品与服务。

1999 年下半年，谷歌网站正式启用。2016 年，《BrandZ 全球最具价值品牌百强榜》中，谷歌以 2291.98 亿美元的品牌价值重新超越苹果成为百强第一。在 2017 年的《BrandZ 最具价值全球品牌百强》中，谷歌公司名列第一位，2019 年名列第二位。

众所周知，谷歌向来以数据为准，依靠数据精准把握用户需求，其设计理念曾仅以数据为基础，而不以优秀的设计著称，谷歌曾测试过 41 种相互之间只有稍许不同的链接阴影设计，而不相信自己的设计师能够一次性拿出良好的设计方案。但近些年谷歌的战略发生了一些奇妙而重要的变化：开始设计精美易用的应用类产品。

随着谷歌公司的成长，其设计能力也在不断提升，这一点从其企业标识的演变可以清晰可见。作为企业形象的重要部分，企业标识是企业对外宣传的名片，须在企业设计美学的指导之下精心设计，一个优秀的企业标识能显著提高企业的知名度，帮助企业在消费者和用户群体中确立领先位置，因此，企业标识也成为最能直接反映一个企业设计理念的标志。对于大多数企业而言，标识变更少而且较为慎重，但谷歌是个例外。自公司成立以来，谷歌的标识就如谷歌旗下的一件产品，顺应着时代的发展，不断地更新迭代，在不同的发展时期，反映着谷歌不同的设计理念。

一、企业标识的演变

1996 年，谷歌两位创始人拉里·佩奇和谢尔盖·布林合作开发了一款名为 BackRub 的搜索引擎，并在斯坦福大学的服务器上运行了一年多，那时的谷歌还不叫"Google"。当时的标识看起来很是随意，创始人拉里·佩奇手配上红色字体的"BackRub"，便是最初的企业标识。

1997 年 9 月 15 日，Google.com 域名正式注册。Google 这个名字源自数学术语"googol"，表示数字 1 后面带着 100 个零。这个名字能贴切地反映出两位创始人的使命：整合全球信息，供大众使用，使人人受益。1998 年，谷歌公司正式成立，这时的标识在最后加入了"!"，算是向当时的互联网老大"Yahoo！"致敬。1998 年 9 月，谷歌正式创建，首个正式标识也随之诞生。标识中的字母采用了多种颜色，与今天略有不同的是，首个字母"G"是绿色的。1998 年年底，谷歌进一步调整了标识中字母的颜色。将首个字母"G"由绿色调整为蓝色，这种颜色搭配一直延续至今。

2010 年，谷歌再次启用了新标识。该标识在上一版的基础上，去掉了字体阴影，显得更加明亮。新标识虽没有进行重大调整，但却释放了一个"更简洁"的信号。或许是为了与科技圈日渐流行的"扁平化"风潮相呼应，谷歌于 2013 年推出了新款 LOGO，在上一版基础上去掉了字母上的高光效果。直到 2015 年，新的谷歌标识同样采用扁平化设计，但 LOGO 中的字母变得更"圆"了，如图 2-1 所示，仍保留了谷歌独特的颜色使用顺序。

图 2-1　谷歌标识历年演变图

新标识由三个基本元素构成一个完整的标识（见图 2-2）：

图 2-2　谷歌新标识的三个基本元素

1. 谷歌标识

谷歌的标识一直保持着简单、友好、亲近用户的设计风格，通过将原有标识的几何形式与新的、儿童化的教科书字体结合在一起。新的标识采用非衬线字体，同时保留原有多种色彩搭配的轻松风格，并且将原有标识中的字母"e"稍稍旋转，来表明谷歌永远追求创新的理念。

2. 谷歌圆点

谷歌圆点标志着动态的、处于运动中的状态，运动着的圆点显示出谷歌正在时刻为你服务，谷歌圆点的展现形式包括倾听、思考、回复、不解及确认这几个步骤。

3. 谷歌 G

对于界面较小的使用平台，谷歌也推出了相应的"紧凑"版本标识。谷歌 G 是从谷歌标识中的字母"G"发展出来的，针对小尺寸显示设备而设计，增强了小尺寸界面下的视觉效果，各个部分的色彩搭配严格遵循人的视觉规律，避免了视觉过于集中的问题。

通过这次改版，谷歌希望呈现出一个足够灵活的、可以被用在不同平台和任务中的新系统，这一新标识具备以下四个使命：

（1）创造一个可以在有限空间内传达完整标识的可扩展性标志符号；

（2）通过动态化与智能化概念的结合，做到在交流中的每个阶段都可以响应用户的需求；

（3）通过系统化的方法使谷歌的产品品牌化，为用户在日常使用谷歌的过程中提供一致性的服务；

（4）使谷歌的风格精致化，并结合用户偏好在此基础上对用户需求的变化进行周密的分析。

二、极简主义的设计理念

极简主义是谷歌设计的首要特征。这可以从谷歌的页面上看出——精简到极限的搜索框，不收费、不鼓励用户流连忘返，没有广告骚扰，不卖产品。设计的主旨就是尽快查到信息。

谷歌不止一次强调，快比慢好，"立即满足"就是一切。佩奇曾经表示，这么做的目的就是让用户花尽可能少的时间在谷歌上，这样他们才会经常回来。谷歌式的极简主义，其活泼有趣的设计外观，从 1998 至今几乎没有太大的改变。其使用大量的留白，很少使用花哨的装饰。

从一开始，谷歌的网站设计就十分简洁：在白色的页面中间是显眼的搜索框，在它的上方，则是谷歌独特多彩的 LOGO。

谷歌的极简主义已经成了一种独特的识别符号，这种识别符号几乎表现在谷歌所有的新产品里，比如，Google News，Google Local，Google Images，Google Toolbar，Google Video，Google Maps，Google Scholar，Google Mars 等。

谷歌甚至把这种极简主义升华到公司的核心理念中，那就是"简单之美"。谷歌很多新产品的开发动机，都来源于一个理念：如何让产品更简单易用。

多年以来，谷歌的这种设计理念已被证明极为成功，尤其在标识的视觉表现层面，谷歌旗下的产品有着"一致性"和"连贯性"，这让谷歌获得了品牌识别上的巨大收益。从谷歌围绕企业标识所做的一系列举措来看，不论是每次微小的改动，还是"谷歌涂鸦"的创造性设计，都可以体现出谷歌的设计理念，那就是了解用户熟悉和喜爱谷歌的地方，在此基础上发展其品牌，努力成为一家有活力的、不墨守成规的公司。

科技是不断向前发展的，页面、输入方式与用户需求也在不断变化。新的用于沟通交流的设备与途径正在出现，尤其体现在可穿戴设备、语音技术及智能设备等方面。用户们使用各种不同的设备登录谷歌，而谷歌自己也应该在首页向用户传递他们简洁有趣的感觉，这样才可以拥抱不同设备与平台所带来的机会。

谷歌成立不久，便拟定了"十大信条"，并始终围绕"十大信条"开展企业经营活动，包括：

（1）以用户为中心，其他一切自然水到渠成。
（2）将一件事做到极致。
（3）越快越好。
（4）网络上也讲民主。
（5）信息需求无处不在。
（6）君子爱财，取之有道。
（7）信息无极限。
（8）信息需求无国界。
（9）认真不在着装。
（10）追求无止境。

以其中一条为例，"君子爱财，取之有道"可以从谷歌的很多设计细节寻得踪迹，以其搜索结果界面为例（见图2-3），在获取利润的同时，真正做到了为用户着想。

谷歌有两个收入来源：一是向其他公司提供搜索技术，另一个则是向广告客户提供在谷歌的网站上和网络中的其他网站上投放广告的服务。谷歌针对广告计划和实际做法制定了一系列指导原则：

（1）除非广告内容与搜索结果页的内容相关，否则就不会出现在谷歌的搜索结果页上。因为只有广告与用户要查找的内容相关时，它提供的信息对用户来说才是有用的。因此，在执行某些搜索后可能看不到任何广告。

（2）谷歌拒绝弹出式广告，因为这种广告会妨碍用户浏览搜索结果。如果提供的广告与用户意图相关，其点击率会远远高于随机显示的广告。因此，这种针对性极强的广告媒介可以为用户和广告客户双方都带来便利。

图 2-3　谷歌搜索页面

（3）保证搜索结果排名的真实性。谷歌十分注重自身的客观性，不会为了利益而操纵搜索结果排名的真实性，通过这种方式来换取用户信任。

三、谷歌的设计美学

谷歌从来不是一家循规蹈矩的公司，其目标是帮助人们更加充分地利用世界上的信息并从中获利，从而不断进步。曾经谷歌的设计饱受诟病，被消费者评价为"只追求功能，不追求外观"。但是很快，谷歌便开发了一套设计规范来帮助设计师与开发者进入更加广阔的、多屏幕、多设备的设计环境中，并将其命名为"Material Design"。

谷歌希望通过 Material Design 创造一种新的视觉设计语言，既能够遵循优秀设计的经典法则，同时还伴有创新理念和新的科技。且希望创造一种独一无二的底层系统，在这个系统的基础之上，构建不同平台与设备尺寸之间的统一体验，同时遵循基本的移动设计法则，支持触摸、语音、鼠标、键盘等输入方式。"Material Design"这一名字来自设计师的思考,它在被命名之前，设计师对它有空间、形式、动作这三个维度的认知。而采用 Material Design 这个名字的隐喻是，就像建筑设计师或工业设计师在设计过程中需要用到木材、钢材、铝等材料那样，空间、形式、动作等也可以被认为是软件的材料，其在设计原理层面是相同的，谷歌称这种设计理念为原质化设计。

1. 空间

在 Material Design 中，所有元素都离不开由三维世界所构建的光影关系。在 Material 环境中（见图 2-4），虚拟的光线照射使场景中的对象投射出阴影，主光源投射出一个定向的阴影，而环境光从各个角度投射出连贯又柔和的阴影。

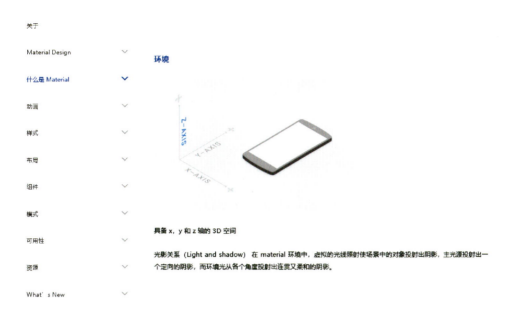

图 2-4　Material Design 中的三维世界

2. 形式

以产品图标为例，产品图标的设计从现实材料的质感和触感中获得启发。每个图标都像真实纸张一样被裁剪、折叠和点燃，用一些简单的图形元素来表现。Material Design 通过干净的折痕和清晰的边缘来表现结实坚固的质感，利用微妙的亮点和均匀的阴影来展现材料的磨砂抛光（见图 2-5）。

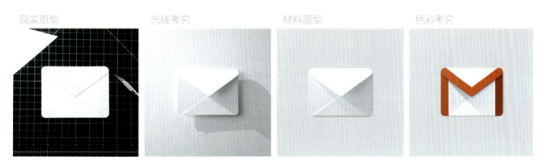

图 2-5　图表样式设计流程

3. 动作

感知一个物体有形的部分可以帮助我们理解如何去控制它。观察一个物体的运动可以告诉我们它是轻还是重、是柔还是刚、是大还是小。在 Material Design 设计规范中，动作不止呈现着它美丽的一面，还表现着各种元素在空间中的关系、功能，以及在整个系统中的运动趋势。

留意细节的设计师都会注意到，所有物体的移动方式都是不相同的，轻的、小的物体可能会以更快的速度加速或减速，因为它们质量比较小，所以只需要施加给它们较小的力。大的、重的物体可能需要花更多的时间来实现加速和减速。在动效设计方面，仔细琢磨物体的运动，可以应用到 UI 元素的设计中。

最后，关于"Material Design"，谷歌是这样介绍的：

"设计是创造的艺术，我们的目标就是要满足不同的人类需要。人们的需要会随着时间发展，我们的设计、实践以及理念也要随之提升。我们在自我挑战，为用户创造一个可视化语言，它整合了优秀设计的经典原则和科学与技术的创新，这就是 Material Design。"

四、谷歌的战略支柱

谷歌的战略全都是围绕广告开展的，而非出售服务，简而言之分三步走：首先，谷歌通过增加其覆盖面以清除其广告传播的壁垒；然后，扩大其知名度，向用户提供服务，创造更多展示广告的机会；最后，通过挖掘用户数据把握最好的机会。详细分析可分为三个部分。

1. 通道扁平化

通道扁平化是为了清除一切挡在谷歌客户的广告和用户之间的障碍。例如，谷歌提供了两个操作系统，都是低成本或零成本的极其复杂的技术：Android 和 Chrome OS。这两个操作系统都是开源的，任何人都可以对其进行访问、开发和建立衍生产品。谷歌免费提供这样的操作系统的目的在于将系统将要运行的设备商品化。他们允许原始设备制造商制造高质量、低成本的设备，这样就可以以一个非常实惠的价格向大众市场提供。如果更多的人拥有和使用智能手机和平板，那么就会使谷歌拥有更多的机会接触用户，并为他们提供广告服务。

可以借助互补经济学（见图 2-6）的例子来帮助理解，一个很好的比喻是汽车和燃油，如果燃油价格下降，市场对汽车的需求势必增加。在这种情形下，谷歌提供的广告服务就好比燃油，当谷歌能覆盖大量人群时，广告的价值将增加，近乎零的服务价格会为谷歌吸引更多的眼球，间接推动了用户对谷歌核心产品的需求，即广告服务。

2. 拓展渠道

当大量的人通过设备访问互联网的时候，谷歌的第二个目标是尽可能多地开发满足各种用户需求的互联网产品（见图 2-7），以定位用户广告。

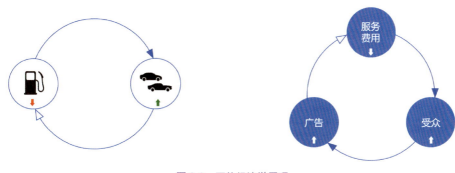

图 2-6　互补经济学原理

图 2-7　围绕用户互联网旅程的产品链

谷歌各项业务的核心是围绕搜索的信息服务，从用户中获取数据，为用户提供有意义的信息，通过信息的分析提供增值服务。谷歌以技术为本，以强大的搜索技术能力迅速统治了互联网。谷歌提供了几十种不同的服务，以满足尽可能多的需求，以便成为用户的首选目标。如果想发送电子邮件，有 Gmail；想聊天，有 Google Talk 和 Google Voice；想寻找方位，有 Google Map 或 Google Earth；想看视频，有 YouTube；还有一整套企业办公软件。这大多数服务中，谷歌都有广告业务，虽不是很明显，但始终保证用户能看到。

3. 精准投放

最后，通过清理障碍和扩展渠道之后，谷歌吸引足够多关注的目的达到了。它通过挖掘用户行为的数据增加广告的价值。通过了解哪些用户正在某一时刻进行搜索，对该用户提供针对性的相关广告投放。这样增加了用户点击广告的可能性，结合填写率和点击率（CTR），得到用户最终购买广告产品的概率，为广告商提供生产价值。在成立初期，谷歌便通过这种方式彻底改变了广告业。

五、谷歌趣闻

1. 怪诞的招聘广告

2004 年 9 月，开车经过美国加州硅谷心脏地带的 101 号公路南行车道旁，或经过波士顿哈佛大学广场，都可以看到一幅巨大的户外广告，白底黑字，上面的信息很简单，只有一行字：

{e 重复出现的第一个十位数质数 }.com

e 的正式名称是自然对数的底，广泛应用于微积分和其他高等数学中。解开广告难题的人，把 e 重复出现的第一个十位数质数和".Com"合起来,就会发现一个 www.7427466391.com 的网站。这并没有结束,接下来进入第二关,又要破解一道难题。找到答案后,就会进入谷歌的内部网页,这是谷歌的招聘广告所在:邀请您寄来一份您的简历,用超乎常人的大脑和追根究底的科学态度,加入谷歌一起解决许多复杂甚至根本无解的工程问题。

这种策略不仅引发广泛关注,更使其借此找到了那些在学术和数学上成就非凡的人。相对于平庸的广告,这种方式更容易获得那些聪明绝顶的工程师的认可。

2. 谷歌涂鸦

谷歌涂鸦(Google Doodle)是为庆祝节日、纪念日、成就以及纪念杰出人物等而对谷歌首页商标的一种特殊性的临时变更。谷歌的首个涂鸦是在 1998 年 8 月 30 日为火人祭活动而设计的(见图 2-8)。该徽标由拉里·佩奇和谢尔盖·布尔亲自设计。此后谷歌的节日涂鸦都采用设计外包模式。2000 年佩奇和布尔让实习生黄正穆设计巴士底日的涂鸦,从这时开始,涂鸦开始由"Doodlers"团队的员工管理和发布。

图 2-8 谷歌在第一个火人祭主题涂鸦作品

谷歌涂鸦最初不是动画和超链接,而是与主题相关的静态图片。但自 2010 年开始,涂鸦出现的频率及其复杂程度都有所增加。2010 年 1 月,首个以纪念艾顿克·牛顿的动画涂鸦被推出,不久后,第一个交互式涂鸦被推出,以纪念吃豆人诞生 30 周年。涂鸦中开始加入超链接,通常链接到涂鸦主题的搜索结果页。截至 2014 年,谷歌已经在其网页上发表 2000 个涂鸦。

除了纪念一些重要节日和活动,谷歌亦在一些名人生日的当天制作涂鸦纪念他们,曾被纪念的名人有安迪·沃霍尔、阿尔伯特·爱因斯坦、列奥纳多·达·芬奇、罗宾德拉纳特·泰戈尔、约翰·列侬、黑泽明、萨蒂亚吉特·雷伊、圣雄甘地、加博尔·德奈什、邓丽君、田部井淳子等。而谷歌自身富有纪念意义的日期,如成立周年纪念,谷歌也会发布涂鸦来庆祝(见图 2-9)。一些富有历史意义的事件也是其涂鸦的主题,例如,谷歌涂鸦曾使用乐高积木主题以纪念乐高积木诞生 50 周年。一些涂鸦主题是地域性的,一些是全球通用的。

2020 年印度尼西亚独立日
2020 年 8 月 17 日

2020 年母亲节(8 月 15 日)
2020 年 8 月 15 日

Turhan Selçuk 诞辰 98 周年
2020 年 7 月 30 日

2020 年父亲节(德国)
2020 年 5 月 21 日

纪念 Margaret Lin Xavier
2020 年 5 月 29 日

拉斯皮纳斯竹风琴制成 195 周年
2019 年 11 月 24 日

图 2-9 2020 年部分谷歌涂鸦作品

 2020 年瑞典仲夏节 2020 年 6 月 20 日	 2020 年冬季（南半球） 2020 年 6 月 20 日	 2016 年节日（东欧） 2016 年 1 月 7 日
 2020 年世界地球日 2020 年 4 月 22 日	 Julius Lothar Meyer 诞辰 190 周年 2020 年 8 月 19 日	 2020 年印度独立日 2020 年 8 月 15 日
 2020 年元宵节 2020 年 2 月 8 日	 2020 年劳动节（多个国家/地区） 2020 年 5 月 1 日	 纪念 Mekatilili wa Menza 2020 年 8 月 9 日

图 2-9　2020 年部分谷歌涂鸦作品（续）

六、小结

谷歌的产品目前涉及方方面面，由于核心业务是触及人群，谷歌尽可能进行网上扩展。一旦吸引了用户，它就可以利用其技术最大限度地获取盈利的机会。

在点击广告的人与收入之间进行层级分解（见图 2-10）。在每一层，谷歌都试图取得领先地位或者使其充分竞争化以确保低价供应。但正如谷歌"十大信条"所设定的，下至经营活动上至战略决策，谷歌始终围绕用户，在保证盈利的同时，为用户提供恰到好处的服务。就像随着其企业标识的改变一样，谷歌也在一步步发生变化，用强大的数据背景和自成体系的设计规范来为消费者创造更好的产品。

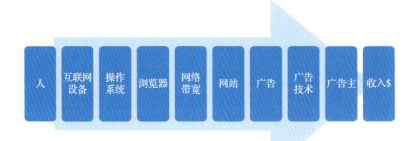

图 2-10　谷歌盈利途径分析

第 3 章
索尼的辉煌之路

SONY（索尼），曾经代表着一代人的青春记忆，在 20 世纪 80 年代，家里有台 21 英寸的索尼彩电，可以说是一件值得骄傲的事情；90 年代，当走进校园，那些衣服上挂着 Walkman 的同学，也总是大家羡慕的对象；2000 年，印象最深刻的场景莫过于几个同学一起挤在游戏室里，热火朝天地玩着 PlayStation。这些场景都记载着索尼带给人们的美好青春回忆。

众所周知，索尼是日本一家全球知名的大型综合性跨国企业集团。总部设于日本东京，是世界视听、电子游戏、通信产品和信息技术领域的先导者；是世界上便携式数码产品的开创者；是世界大型电子产品制造商之一、世界电子游戏业三大巨头之一、美国好莱坞六大电影公司之一，同时也是高品质电子产品的代名词，曾经创造出多个"之最"，也曾经代表了业界最高水平。有句话说，索尼是用高超的技术体现情怀。

任何一个优秀企业的建立，都需天时地利人和这三大因素，索尼如何从日本的一个小企业成为世界一流的跨国大企业的呢？下面将带领大家一起走进索尼的旅程。

一、索尼的旅程

1. 从战后废墟中起步

索尼由井深大（见图 3-1）和盛田昭夫（见图 3-2）一手创立。1946 年，在战后的一片残垣断壁上，38 岁的井深大和 25 岁的盛田昭夫凭着四处筹措的 19 万日元现金，成立了"东京通信工业株式会社"。"东京通信工业株式会社"就是索尼的前身。

图 3-1　井深大

图 3-2　盛田昭夫

井深大在东京通信工业公司的创立宗旨中，制定了以下两个方针：一、在经营规模方面，要安于小规模，要把大企业为了扩大经营规模而无法顾及的技术创新和经营活动作为重点；二、选择制品要精益求精，敢于直面技术上的困难。不追求数量的多少，而是要努力开发出符合社会需求的高科技产品。此外，应当避免只开发电子、器械的单一模式，要将两者结合，保持自身开发创新的个性，制造出无法被超越的独创产品。这一宗旨至今仍被公司代代传承并被不断地充实完善。如果说井深大是晶体管时代的灵魂和领军人物，盛田昭夫的主要成就在于把优秀的产品推向市场并被市场广泛接受。

2. 更名 SONY

当时"日本制造"几乎是低质廉价产品的代名词。1955 年，井深大和盛田昭夫做出一个伟大决定，为了让公司走向世界，设计了新的产品商标——SONY，并最终将公司名称也改为 SONY（见图 3-3）。这四个容易发音、世界通用的字母，继承了井深大在《公司成立主旨》中所表述的"自由豁达"精神，其语源为"一个活泼调皮的小孩"。它没有局限于电气或某个特定的行业，也与创业者的名字无关。这个名字在当时的日本被视为异类，但它充分显示了井深大和盛田昭夫的远见和魄力。

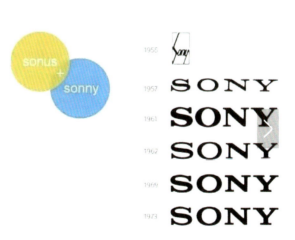
图 3-3　索尼商标演变

3. "特丽珑"技术

1950 年代，索尼的黑白电视虽然热销，但其技术竞争力却毫无优势，其后所制造的彩色电视量产良品率也不甚理想，因而导致巨额亏损已至公司达破产的边缘。1967 年，索尼

图 3-4　特丽珑电视机

发布了由井深大亲自加入开发的特丽珑（Trinitron）映像管技术（见图 3-4），这项技术使得索尼电视在全球热销，盛田昭夫从日本开发银行借得的巨额开发债务也在 3 年内得以还清。

索尼的创新发明，刺激了松下、东芝、日立等其他日本企业，日本其他的电子产品生产厂家为了不输给索尼，也开始拼尽全力开发创新产品。这就使得从 20 世纪 70 年代开始，日本的电子生产业渐渐在世界上崭露头角并不断发展壮大。电子产业和机动车产业并肩成为日本的支柱产业，为日本成为世界第二经济大国做出了突出贡献。可以说，索尼公司的出现，改变了当时日本电子产业模仿欧美产品和技术、零创新的尴尬境地，为日本产业的发展带来了质的飞跃。

4."经营之圣"盛田昭夫，以创新制胜市场

盛田昭夫——索尼的创始人之一，被誉为日本的"经营之圣"，与被誉为"经营之神"的松下幸之助齐名。

盛田昭夫说："我们的计划是用产品领导潮流，而不是问用户需要哪一种产品。"索尼就是要生产市场上从未销售过的产品——实际上是从未制造出的产品，从而创造出全新的市场。索尼的成功来自创造市场，领导新潮流之道不仅仅在于夺得市场，更在于创造市场，通常经营者的经营宗旨是跟随市场的需求而经营，而索尼却敢于创造需求，使需求随着索尼的新品而出现，随着它的发展而增加。索尼公司创造市场的秘诀就是不断开发新产品，以新制胜。索尼的发展过程可以说是不惜投入创新的过程。多年来，盛田昭夫领导下的索尼公司每年保持 6% 的开支用于研究开发新产品，有些年多达 10%，如 1991 年该公司用于研究开发的预算高达 15 亿美元。此外他还希望将索尼的技术和管理哲学全球化，并使其成为当地日常行为。这项"全球化与当地化相结合"的政策不仅使索尼本身在全世界的业务广泛拓展，而且对提升日本电子工业的国际地位做出了重大贡献。

1998 年，盛田昭夫被美国《时代周刊》评选为 20 世纪 20 位最具影响力的商业人士之一（见图 3-5）。

图 3-5　《时代周刊》封面

5."CD 之父"大贺典雄的数字化音响时代

大贺典雄（见图 3-6），日本音乐家，前索尼音乐娱乐有限公司总裁。任职期间，大贺典雄促使索尼向音乐、电影和游戏领域拓展，从一家电子设备制造商发展为娱乐业巨头。他努

力推动激光唱片（CD）的开发和应用，获得了"CD之父"称号。

大贺典雄被盛田昭夫看重是因为在他当歌唱家时候就改进了索尼的录音机设计，对比那些不懂技术的艺术家，简直天差地别。同为工程师文化的支持者，与盛田昭夫不同的是，大贺典雄对于软件十分重视。在其任职索尼期间，除了发明 Walkman，还一直积极推进音响数字化，把新硬件和 CBS/SONY 唱片公司丰富的"软件"储备结合起来，在唱片业建立起一种新的标准。

在大贺典雄的带领下，1982年，索尼向日本市场推出第一代 CD 播放机"CDP-101"（见图3-7）。此后，索尼将因 CD 研制而大放光彩的数字技术用于开发 MD 和 DVD 等新的磁盘和磁带介质。1982年大贺典雄接任总裁时，索尼的年营业额为150亿美元，到他1995年将日常事务管理交给 SONY 董事长出井伸之时，公司的年营业额已上升到了450亿美元。

图3-6　大贺典雄

图3-7　CD 播放机"CDP-101"

6. SONY 成功立足娱乐产业

盛田昭夫认为有必要将最高档的硬件与最前沿的内容结合，才能掌握市场。在这一理念的指引下，索尼逐渐从一家电子生产厂商转变为一家综合性跨国集团。1988年，在盛田昭夫的主导下，索尼并购了 CBS 唱片公司（见图3-8）；1989年，索尼又以60亿美元收购了美国电影业的巨子——哥伦比亚三星电影公司（见图3-9），创下了当时日本最大的一宗海外并购案。索尼公司通过对这两大娱乐公司的兼并，终于在电影、音乐两个领域拥有了软件资产以及世界性的基础。

图3-8　索尼音乐娱乐公司

图3-9　哥伦比亚三星电影公司

20世纪80年代末期，日本爆发了经济危机，索尼影业因为经营不善而业绩惨淡，成为当时索尼集团获利的主要障碍。直到 1997 年,霍华德•斯金格（Howard Stringer）（见图 3-10）主导改革,索尼影业才开始逐步扭转局势,2001 年,索尼影业制作出电影《蜘蛛侠》系列（见图 3-11）大获好评,自此电影部门终于成为索尼集团重要的收益支柱。

图 3-10　霍华德•斯金格

图 3-11　电影《蜘蛛侠》

图 3-12　playstation 商标

在游戏业务方面,1994 年索尼开发的 playstation（见图 3-12）开创了家用游戏机的高峰,在此之前,索尼在游戏业没有任何经验。无论是软件还是硬件,因此索尼将 playstation 做成一个独立的光驱游戏机来发布,却意外大获成功。这一结果与索尼以新来开创市场的经营理念是息息相关的。第一代 PlayStaion 于 1994 年 12 月在日本上市,次年在北美上市。第二代 PlayStation2 于 2000 年上市。PS1 售出 1.02 亿台,PS2 售出 1.46 亿台。

7. 出井伸之：从高峰到低谷

索尼在经历了井深大与盛田昭夫所带领的成长期以及大贺典雄的停滞期后,索尼迎来了它的下一位执行总裁——出井伸之。出井伸之（见图 3-13）像大多数他这个年龄的日本人一样,终生只为一个公司服务。他出身于书香世家,23 岁时加入了当时还是个小公司的索尼。与前几任总裁相比,他没有任何技术方面的基础,其早期负责事务主要与索尼海外销售有关,1995 年,出井伸之才成为索尼

图 3-13　出井伸之

公司的总裁。上任之后,出井伸之进行了一系列改革,他的第一个惊人之举就是打破了在日本被认为神圣不可侵犯的终身雇佣。此外在 2000 年,出井伸之提出要在宽带时代打造"索尼梦想王国";到 2001 年要将索尼转型为个性化频道网络解决公司;再到 2002 年又提出索尼要成为"传媒＋技术型企业"。在出井伸之的领导下,索尼把重点逐渐放在了对游戏、娱乐市场的开拓上,不可否认,出井伸之的决策是非常有前瞻性的。

然而，如此超前的定位并没有给索尼带来足够的利润，反而业绩逐年走低，这也直接导致了出井伸之下台。主要原因在于索尼在追求超前转型的同时，却忽视了自身在传统优势领域的落后发展。当时平板电视实现了产业化，索尼却并没有掌握其核心技术，导致其失去了对竞争对手的技术优势。技术上的退步，甚至导致一直走高端路线的索尼被迫和对手展开价格战。

脱离索尼的立场来看，出井伸之的变革并非没有可取之处。出井伸之对未来科技趋势和产业的融合，判断得十分准确。他所主张的"软硬一体，内容制胜"，正是目前数字产业的主流趋势。问题在于，在实现远见的过程中，出井伸之的行动和其思维一样，过于抽象化，不切实际，只顾着实现自己在未来数字世界的宏伟布局，却破坏了索尼创新的基因。

8. 平井一夫拯救索尼

2012年，由于连续四年亏损，索尼公司宣布将任命平井一夫（见图3-14）为公司总裁兼CEO，平井一夫是唯一一位没有技术工程师经验的高管。但他在2010年至2011年间成功将连续亏损五年的索尼游戏业务扭亏为盈。

索尼在平井一夫的带领下，在2015年度开始的为期3年的新中期经营计划中，将移动设备、娱乐和网络服务作为三大重点发展领域。

图 3-14　平井一夫

平井一夫的改革措施产生了效果，2015年，索尼出人意料地恢复了盈利。索尼也期待2016年上市的"PlayStation VR（虚拟现实）"（见图3-15）成为该领域的新增长引擎。

图 3-15　PlayStation VR

二、索尼的经典产品

1. Walkman

20世纪80年代出生的人大都对Walkman（随身听）比较熟悉。曾几何时，在校园的运动会、联欢会、公交车上甚至骑自行车人的腰上都能看到它的身影。在当年Walkman和GameBoy这类电子产品是追逐潮流的标志。即使后来CDMD的问世也没能撼动Walkman的地位，直到最终MP3的出现，它才慢慢淡出了人们的视线。

早在 20 世纪 70 年代，技术的进步使音乐走出家门变成可能，但当时大部分制造商认为，即便做出了便携的音乐播放器，人们还是更愿意在家里享受音乐。而索尼的创始人盛田昭夫最先洞识了随身听的广阔前景。并且在 1979 年推出型号为 TPS-L2 的 Walkman（随身听），它是世界上第一款磁带式随身听，也是索尼里程碑式的产品（见图 3-16）。除了主打便携随身之外，在设计上还有更多考虑。

TPS-L2 是完全从户外的场景出发进行设计的。它的全部操作按键集中在机身侧，"快进""回退"等常用操作在口袋里就可以完成；顶部显眼的橙色按键是 Hotline（热线）功能，按下它，耳机的音频输入源会切换到麦克风，让人们听见环境音，不用摘下耳机就可以与他人交谈；TPS-L2 还配备了两个音频线接孔，可以同时连接两副耳机，方便与朋友一起分享音乐。

图 3-16　TPS-L2 随身听

这种以功能为核心的设计，不过于追求形式，深得用户喜欢。Walkman 的亮相，很快在世界范围内掀起了随身听文化，尤其受当时年轻人的追捧。

2. PlayStation 系列游戏机

作为电子游戏产业的三大巨头之一，索尼的 PlayStation 是游戏界十分著名的家用游戏机之一（见图 3-17），自其 1994 年首次发行以来，便深受游戏爱好者的喜爱，接连创造出难以打破的销量纪录。

索尼一开始并不打算进入游戏业，只想发展自己的光盘业务，因为超级任天堂使用的是游戏卡带，索尼希望为它加上一个光驱配件，

图 3-17　PlayStation 系列产品

叫作 PlayStation。该配件位于游戏机下方，使得游戏机可以读取光盘。相比卡带，光盘的储存容量更大，可以带来 2D 游戏到 3D 游戏质的飞跃。所以 PlayStation 这个名字，Play 的意思不是"玩"，而是播放光盘。这个设备的原意，就是让游戏机可以读取光盘。当时，索尼跟任天堂已经达成了协议，索尼已也完成了样机的制作。但之后任天堂改变了主意，不允许索尼制造这个配件，因为担心以后第三方游戏只要适配索尼的光驱即可，消费者不再会从任天堂购买游戏卡带。最终，索尼决定把 PlayStation 做成一个独立的光驱游戏机发布。光盘的高容量为游戏带来了更大的可能性。索尼公司自身不生产游戏，所有游戏都来自第三方开发者，所以 PlayStation 的游戏生态非常繁荣，外部开发者很活跃。

自 1994 年索尼发布第一代 PlayStation 游戏机之后,这个硬件和软件的新产儿,开始登陆美国和欧洲的开拓新市场。到 2002 年 5 月,索尼计算机娱乐公司(SCE)在全世界约 120 个国家和地区开展了 PlayStation 业务,也逐渐成为用户最为常见的娱乐方式之一。

3. 索尼微单相机

索尼相机成功的原因是在物美价廉的同时,它能够精准地对自身产品进行定位,找到合适的市场空间。

在索尼相机产品中,最出名的莫过于它的微单相机。索尼并不是微单相机的发明者,但却是"微单"这个词语的创造者。"微单"这种叫法一直到 2011 年索尼在中国发布 NEX-5C 时才出现,随后在国内被广泛使用。索尼微单相机分为 APS-C 画幅相机和全画幅相机。其命名看上去非常简单,APS-C 画幅相机 A 后面是四位数,如 A5100、A6100。全画幅相机 A 后面是一位数,如 A7、A9。A 后面的第一个数字越大,产品定位越高端(见图 3-18)。

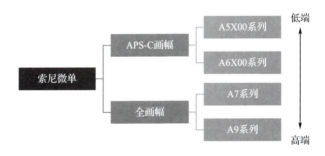

图 3-18 索尼微单相机种类划分

对相机来说,与使用体验最相关的是镜头的性能。在技术上面来讲,能够快速精准地锁定对焦,是评判一款相机性能的重要标准。索尼最新款的 APS—C,有 2430 万的有效像素(有效像素指的是在拍摄的过程中,能够在虚焦的情况下,拍摄的有效过程)。而其超高的有效像素,能够利用索尼的 Exmor APS HD CMOS 影像传感器,拍摄出高质量的照片,对于图形的处理有着非常优异的使用体验与视觉观感。

此外,索尼微单相机拥有令人非常舒适的抓握感,在同行业中一直是佼佼者,它能够快速准确地实现对人体的定位,索尼设计师针对微单相机进行了优化设计,使人们能够通过取景器构图拍摄,在操作转盘上能够让用户快速选择拍摄模式,还可以轻轻松松地调一些参数。对于初学者来说,相机是种不好把握的产品,因为没有摄影基础的话,很容易虚焦。但是索尼的大部分相机,能够帮助用户最大可能地完成调焦过程,给用户带来良好的使用体验。

值得一提的是,索尼在微单相机中还加入了可翻折液晶屏,采用了可调整角度的拍摄方式,能够极大地增强拍摄的灵活性和创作的空间。相较以往相机脆弱的液晶屏,这种结构极大地提升了液晶屏的稳定性。

在相机行业发展的过程中,索尼始终坚持着不断创新的宗旨,一直致力于最前沿技术的研发,数十年来创造了无数经典的相机产品(见图 3-19),始终引领着相机行业的发展与变革。

图 3-19　SONY A6400 微单相机

三、索尼设计战略分析

索尼不仅仅用技术征服了市场，作为一个优秀的企业，索尼的设计策略同样值得我们学习。接下来我们将主要从宏观环境、产业环境、市场需求等方面探讨索尼的设计战略。

1. 宏观环境分析

如今，全球提倡和平发展，美日合作升级，而经济方面，2008 年金融危机的冲击，使全球经济复苏缓慢，发展中国家经济实力的崛起都对日本企业形成了不小的影响，并且随着社会发展，人们对于产品的品质有了更高的追求，电子产品的社会文化差异已经不再明显。索尼自身仍然掌握着较强的技术竞争实力。

2. 产业环境分析

电子产品的市场已经趋于饱和，扩大市场份额比较困难，并且手机、相机等电子产品逐步标准化，差异不明显，竞争愈发激烈，持续经营能力受到挑战。

索尼目前所面临的手机竞争对手主要有三星、华为、苹果，相机方面主要有佳能、尼康等。像三星手机创新黑科技多；苹果品牌策略做得好，品牌的忠诚度较高；而华为产品则性价比较高，物美价廉。相机方面佳能和尼康专业化程度高。

3. 市场需求分析

索尼公司提供了优良的客户服务，并拥有专业的销售及技术支持队伍，可以为不同领域的客户提供服务。索尼有两类主要目标群体：一类是分散客户，包括大学生、白领及女性顾客。另一类是大客户，包括政府及有关机构，企业和家庭客户。根据不同的目标群体，索尼展开不同的市场分析，体现其差异化战略。

4. 核心竞争力

索尼一直秉承盛田昭夫求新创异的企业文化，将技术创新作为核心竞争力。同时索尼也积极引进外部技术资源，重视人才培养与独创性，培养员工的技术能力，这使得索尼产品的核心竞争力要优于竞争对手。

5. SWOT 战略分析

S：索尼产品质量有保证，技术创新能力强。产品设计美观、企业历史悠久、综合实力强、企业规模大、制造能力强、设备先进、分销渠道广泛。

W：产品价格相对较高，近年来由笔记本电池和数码相机的质量问题带来了一系列负面效应，竞争对手较为强大，手机等产品缺乏差异性。

O：电子产品市场趋向全球化，产品需求趋向高端化，整个电子行业技术发展迅速。美日之间企业并购与战略联盟层出不穷，用户对电子产品的要求不断提高。

T：索尼涉足的多个行业均有较强劲的竞争对手。而电子产品行业假冒产品较多，随着技术不断升级，替代产品不断涌现，因此电子产品厂商不断地进行"价格战"。

四、索尼趣闻

1. 无聊办公室

日本碍于法规约束，加上企业与雇员间又有着"终生雇用制"，导致裁员成了日企的禁忌，但索尼为了提升公司效率，希望能让资深员工提早退休。曾经一名51岁的员工拒绝过索尼提出的要求，于是他就被调到"无聊办公室"（见图3-20），他整天的工作内容就是看报纸、上网，然后看看工程书，但下班前还是得缴交一份报告，汇报今天都做了什么事。但整个工作内容毫无重要性，

图3-20 "无聊办公室"

在无聊办公室的员工也会发现自己没成就感，最后就会感到乏味而提离职。只是"无聊办公室"的出现也被批评是在歧视员工，但索尼并不认为淘汰员工有什么错误，公司会辅导资深员工转职或办理提早退休。按照2010年总公司的标准来看，提早退休员工还能多领到54个月的薪水。

据称，现在日本多家企业如松下、东芝、NEC都仿效索尼，设置了"无聊办公室"，进行

这类变相裁员计划。

2. 智能假发

当高科技公司都在将智能手表和眼镜为主角的可穿戴智能设备作为未来产品的时候，索尼却在探索使用假发无线连接到智能手机的可能性。据美国专利商标局发布的专利显示，索尼申请的智能假发"SmartWig"技术，能使用户在收到邮件或短信时，给佩戴者震动提醒。同样，通过假发上不同位置的震动还能给用户以提醒从而实现导航效果。索尼甚至在该款假发的鬓角集成了一个触摸板，我们猜测，这一设计可能有助于翻阅幻灯片的演示文稿。此外，用户提高眉角的动作也可以变成一个命令来控制其他设备。更令人匪夷所思的还不止这些，SmartWig在靠近佩戴者前额的部分还配备有一个内置的摄像头、GPS和一个激光指示器。索尼的这一专利申请，十足在向我们证明"没有做不到，只是你没想到"。

索尼对SmartWig的应用前景似乎非常看好，比如索尼提到，希望SmartWig能够捕捉到用户的面部表情，然后将它转化成指令。同时，通过增加鬓角的控制元件，配合激光指示器，用户就可以用头来指方向或者其他人机交互。此外，假发还可以用来监测脑波、血压、体温等健康相关的统计数据。

五、索尼的价值观和愿景

自1946年成立以来，通过具有创造性的产品改变人们的生活方式一直是索尼的目标。除了研发新技术和新产品以外，索尼还是一家娱乐公司，能为大众制造快乐。索尼一直为用户创造更新更好的生活方式而努力，以附加了情感的产品带给用户带来娱乐享受。在这样设计战略的引领下，索尼形成了独特的企业价值理念。

（1）追随美好梦想的探求之心。

索尼是"造梦"的公司，矢志不渝地为创造全新的娱乐生活方式而努力，不断创新，并尽力使索尼的每一件产品都趋于完美。

（2）激荡用户的心灵，分享快乐和感动。

在五十余年的发展历史中，索尼一直坚持不懈地追求全新的技术和独树一帜的设计风格。"打动每个人的心灵"是索尼的梦想，索尼希望通过他们的每款产品与全世界用户分享生活的惊奇、喜悦和感动。

（3）孕育丰富的创造力，不断创造新的惊喜。

索尼一直对"变化"非常敏感。回顾历史，在时代的分水岭上，索尼总能把握变化的先机，创造出"世界第一""世界最小、最轻"的划时代产品。索尼对最新技术永无止境的追求和在产品设计方面长期以来的沉积使索尼对把握时代脉搏充满自信。

21世纪人类即将进入宽带网络时代，时代的变革将对人们的生活方式产生不可估量的影响。索尼面向宽网时代提出了"无所不在的价值网络"的概念，以"无所不在"（随时随地连接网络）为核心，索尼产品将完美地链接在一起。在宽网时代为人们创造全新的生活方式是索尼未来最大的挑战。对于不断发展变化的索尼来说，企业文化的灵魂——"求新创异"将是永远不变的目标。

六、小结——从伟大到衰落

曾几何时，索尼就是高品质电子产品的代名词，用情怀征服了几代人的青春。

作为一个非常优秀的企业，索尼有许多地方值得尊重与学习，例如索尼的环保意识，就体现了一个大企业应当有的企业责任感。索尼曾主动购买更昂贵的绿色电力，生产环保易回收的产品，此外还不计成本研发了录像带回收再利用技术，并着力于在世界各地推广。

现如今，许多电子产品的市场定位逐渐转变成快速消费品，而多年前索尼的产品，虽然已经有了数十年的历史，但依然能够折射出日本传统的工匠文化和对艺术性、高品质的追求，纵观索尼的70年历史，这种对于技术的极端追求贯穿了整个索尼的发展历程。在《时代》杂志所评选出的50项影响时代的设备中，索尼的特丽珑电视和Walkman高居第二和第四。同时影音类设备发展史也可以被看作索尼对于技术追求到极致的缩影。索尼作为一个曾经主导整个电子产业的企业，其发展道路无疑能给无数后来者提供宝贵的发展经验。

第4章
传奇的苹果设计

当今在全世界售出的个人和商用计算机中，有 90% 以上是为使用 Windows 系统而设计的，这个操作系统是在 20 年前由美国软件巨头微软公司首创的。然而微软对市场的统治未能阻止另一家公司的崛起，以其与众不同的 Macintosh 计算机及其操作系统所占据的小而持久的市场份额与之针锋相对，这就是总部设在加州的苹果公司。

1976 年，两个二十多岁的青年设计出了一种新型微机（苹果一号），受到社会广泛欢迎。随后风险投资家马克首先入股 9.1 万美元，创办了苹果公司。从 1977 年到 1980 年 3 年时间，苹果公司的营业额就突破了 1 亿美元。1980 年公司公开上市，市值达到 12 亿美元，1982 年便迈入《幸福》杂志的 500 家大企业行列。一家新公司在 5 年之内就进入 500 家大公司排行榜，苹果公司（简称苹果）成为行业首例。

一、苹果公司的传奇发展史

1. 苹果公司的创立和发展

苹果公司的发展可谓是一波三折。这里简略介绍一下它的发展轨迹。

Steven Wozniak 和 Steven Jobs 这两个天才少年在高中时期成了形影不离的朋友，当时 Wozniak 初涉计算机设计领域，并在 1976 年设计出后来被称为 Apple I 的计算机原型，具有前瞻性的乔布斯（Jobs）坚持要试着去售卖这台机器，于是 1976 年 4 月 1 日，苹果公司破土而出。

然而，Apple I 市场反应冷淡。直到 1977 年 Apple II 的诞生及其第一次商业展示后才引起人们的普遍注意。苹果计算机的销量大幅增加，公司的规模也自然而然得以扩大。

1979 年，乔布斯和其他几个工程师慕名访问了施乐公司的 PARC 试验室，从那里"偷学"到了图形用户界面技术，并将其应用于苹果计算机。

1980 年，苹果公司已经有几千名雇员，并且产品开始销往世界各地。

1983 年，乔布斯开始聘请前百事可乐公司的主管 John Sculley 担任苹果公司的 CEO，期望他能让这个未老先衰的公司"枯木逢春"。

1985 年，乔布斯和 Sculley 的分歧越来越大，乔布斯不得不离开公司，而 Sculley 获得了公司绝对的领导权。

1987 年，苹果公司发布其 Mac II，这一功能强大的家用计算机，月销售达到 5 万台。

1991 年，苹果计算机的操作系统是 Mac OS，但其与流行的兼容机软硬件并不兼容，这大大束缚了它的市场发展。曾经非常成功的市场策略，现在却让公司吃尽了苦头，微软的操作系统很快占领了广大的市场。

1993 年，6 月公司免除了 Scully 的职务。

1994 年，苹果公司发布其家用机 PowerMac，是第一台基于 IBM 和 Motorola 合作开发的高速处理器 PowerPC 芯片的机型。但因为其封闭的市场策略，只有少数厂家得到有限的技术许可，并不能很好地打开市场。面对开放的兼容机市场，苹果的大门却越关越紧，路也越走越窄。

1995 年微软 Windows95 发布，这更令其雪上加霜，苹果的冬季来临了。

紧接着戏剧性的事情发生了。苹果急需一名能引领其走出低谷的领路人，但迟迟没有挑选出来，面对奄奄一息的苹果，众多的商界骄子们望而却步。

1996 年，在众多昔日同事的支持下，乔布斯开始在公司大放异彩，成为实际领导人，被称为"过渡总裁"。但此时苹果的股票降到 5 年来的最低点，乔布斯面临有生以来最大的挑战，就是挽救心爱的苹果公司。

1997 年 11 月 10 日，苹果宣布将通过电话和网络进行 Power Computing 的直销，结果销路很好，紧接着又推出了一款新机型 PowerMacG3。

复苏的迹象慢慢显露，苹果终于停止了下滑，连续几个季度获得微利。乔布斯继续着他的复苏计划，又推出了划时代的苹果传奇产品 iMac（1998 年）、iPod（2002）、iPhone（2007）。

2. 传奇创始人－史蒂夫·乔布斯（Steve Jobs）

苹果之所有能有传奇般的发展，开发出传奇般的产品，很大程度上归结于公司传奇般的 CEO 史蒂夫·乔布斯——苹果公司的创始人之一（见图 4-1），他的传奇人生得从他的出生前讲起。

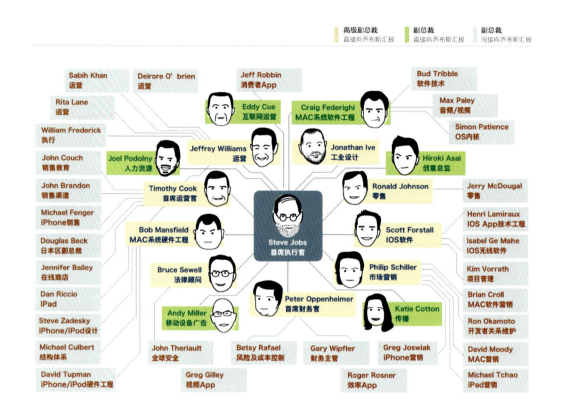

图 4-1　乔布斯时代苹果公司管理构架

1955 年，乔布斯生于硅谷，生母是一名年轻的未婚在校研究生，生母将他送给别人收养。养父母是典型的蓝领工人，并没有优越的环境。

1972 年，乔布斯 17 岁，他来到位于波特兰大的里德学院上大学，在那里读了六个月后，乔布斯决定退学，并且坚信日后会证明这样做是对的。

1974 年，他到印度朝圣，漫游后反而有了新的认识，认为爱迪生对世界的贡献巨大。后来他回到硅谷参加了沃兹尼阿克创立的自制计算机俱乐部，才有了个人计算机的面世。

1976 年，乔布斯和沃兹（Wozniak）在乔布斯父母的车库里办起了苹果公司。十年后，苹果公司发展成一个拥有 20 亿元资产、4000 名员工的大企业。

1986 年，乔布斯被自己办的公司解雇了。怎么会被自己办的公司解雇呢？原来随着苹果公司越做越大，公司聘了百事可乐公司的主管 John Sculley 与乔布斯一起管理公司。随后他们对公司前景的看法开始出现分歧，直至反目。这时，董事会站在了 John Sculley 那一边，所以在 30 岁那年，乔布斯离开了公司。

从苹果公司离后，乔布斯感到失落，但不久就振作起来。他虽然不是技术人员，却是独具慧眼善于开拓新产品的奇才。1985 年 9 月，他卖掉苹果公司的股票重新创业，但仍保留有一部分股权，以便获得年度财务报告，用以寄托他对苹果公司的深情。

乔布斯新建了 NeXT 公司，准备开发新一代计算机，同时买下影视动画公司 Pixar（后来成为世界最有名的三维动画公司）。

苹果公司为了使用 NeXT 的新技术，于 1996 年底用 4 亿美元收购了 NeXT。但经营不善，并没有获得应有市场，反而因成本太高造成亏损。

1997 年 7 月，因连续 5 个季度亏损，首席执行官（CEO）阿默利欧只好辞职，当时苹果公司已接近破产边缘，人们又想起了乔布斯，于是在紧急关头他又被聘任为临时总裁兼 CEO。1985 年，乔布斯被董事会解职，美国计算机产业就进入了高速发展期，康柏和戴尔都在此期间脱颖而出。而作为个人计算机的始祖，苹果却步履蹒跚，十年内换过 3 任 CEO，年销售额从 110 亿美元缩水至 70 亿美元。

乔布斯回到苹果公司后，做的第一件事是缩短战线，把正在开发的 15 种产品缩减到 4 种，而且裁掉一部分人员，节省了营运费用。其次，发扬苹果的特色。苹果素以消费市场作为目标，他要使苹果成为计算机界的索尼。他上任伊始便着手开发 iMac，使得计算机更适合家庭使用。第三，便是开拓销售渠道，让 CompUSA 成为苹果在美国全国的专卖商，使 Mac 机销量大增。第四，调整结盟力量。同宿敌微软和解，取得微软对它的 1.5 亿美元投资，并继续为苹果机器开发软件。同时收回了对兼容厂家的技术使用许可，使它们不能再靠苹果的技术赚钱。

1998 年上半年，iMac 面世后取得成功，苹果扭亏为盈。当时人们谈论的是恢复青春活力后的苹果将会怎样推动计算机事业的发展，而不是苹果即将破产的话题。使苹果起死回生的正是刚 43 岁的乔布斯。

就在苹果前景一片大好的 2004 年，乔布斯被诊断患了癌症。一次扫描检查表明乔布斯的胰腺上长了肿瘤，确诊这是一种无法治愈的恶性肿瘤，最多只能活 3 到 6 个月。乔布斯做了手术，这是乔布斯和死神离得最近的一次。这次经历之后，他对人生的感悟体会更加深刻，他说："人的时间都有限，所以不要按照别人的意愿去活，这是浪费时间，不要囿于成见，那是在按照别人设想的结果而活。不要让别人观点的聒噪声淹没自己的心声。最主要的是，要有跟着自己感觉和直觉走的勇气。因为无论如何，感觉和直觉，早就知道自己到底想成为什么样的人，其他都是次要的。"

人们认为乔布斯具有技术、管理和文化的三张面孔。在技术方面，他是使计算机成为消费产品的倡导者；在管理方面，他是善于随机应变的企业家；在文化方面，他是计算机文化的革命家。1985 年，他被里根总统授予国家科技勋章，1987 年获杰弗逊杰出公共服务奖。盖茨对 Jobs 的评论是："我不过是乔布斯第二，在我之前，苹果计算机的飞速发展给人以太深的印象。"

3. 工业设计师——乔纳森·艾维（Jonathan Ive）

乔纳森·艾维（Jonathan Ive）（见图 4-2），1967 年出生于伦敦，是一位工业设计师。他曾参与设计了 iPod，iMac，iPhone，iPad 等众多苹果产品。乔布斯曾经将艾维视为"在苹果公司的精神伙伴"，在公司内部，艾维曾经拥有仅次于乔布斯的影响力，曾任公司首席设计师兼资深副总裁。

图 4-2　乔纳森·艾维（Jonathan Ive）

艾维在伦敦东北部的清福德镇（Ching-ford）长大。父亲是个银匠，在当地的大学教学。艾维稍后入读纽卡斯尔理工学院（Newcastle Polytechnic）。毕业之后，艾维和人合伙在伦敦开了一家名为"橘子"（Tangerine）的设计事务所，接下了苹果的一个外包设计项目。1992 年，移居美国加州库布提诺市，进入苹果的设计部工作。在加入苹果公司之后，艾维参与了该公司大多数产品的设计，其代表作包括令苹果公司起死回生的 iMac 系列，畅销的数字音乐播放器 iPod 系列及苹果的明星产品 iPhone 系列。

二、传奇产品设计：iMac、iPod、iPhone

1998 年后苹果公司复兴，虽然苹果公司的每个产品几乎都是艺术品级的设计精品，但在苹果公司真正能称得上传奇的产品只有三种：这就是 iMac（见图 4-3）、iPod 和 iPhone，这三种产品真正实现了苹果巨人的复活，使得苹果时代又一次到来。

图 4-3　iMac 的进化

1. iMac

1998年6月上市的iMac（见图4-4），半透明的、果冻般圆润的蓝色机身重新定义了个人计算机的外貌，并迅速成为一种时尚的象征。iMac推出前，仅靠平面与电视宣传，就有15万人预定，而在之后3年内，一共售出了500万台。其中的一个秘密是，这款利润率高达23%的产品，在其诱人的外壳之内，配置与前一代苹果计算机几乎一样！

图4-4　苹果计算机 iMac

这是一次工业设计的胜利，但同时也体现了当时Jobs的无奈：由于流失了大批优秀员工，苹果的技术能力已经难以迅速推出他一向强调的"insanely great"（酷毙了）的产品，同时失去了公司成员赖以凝聚的企业文化。所以苹果一方面大规模吸纳技术天才，另一方面提出了"Think Different"（另类思考）的广告语，他希望这个斥资上亿美元的广告，不仅能让消费者重新认识苹果，更重要的是，唤醒公司内员工的工作激情。

每当苹果的重要产品即将宣告完成时，苹果都会退回最本源的思考，并要求将产品推倒重来。以至于有人认为这是一种病态的品质，完美主义控制狂的标志。

当第二代iMac的模型被送到乔布斯手中时，它看起来很像缩水后的第一代产品，"没有什么不好，其实也挺好"，但乔布斯讨厌这种感觉。当天乔布斯找来了苹果的工业设计负责人Jonathan Ive——第一代iMac、iPod、钛合金外壳的PowerBook和冰块状的Cube的主要设计者。两个人在乔布斯太太的植物园里走来走去，乔布斯逐渐将自己的思路清晰化："每件东西都必须有它存在的理由。如果你可能需要从它后面看，为什么必须是一个纯平显示器？为什么必须在显示器旁放一个主机？"置身花园内，乔布斯建议，"它应该像朵向日葵。"他用一天时间勾勒出了新产品的概念，但工程师们种出这朵"向日葵"（见图4-5）用了2年的时间。

从设计形态学看，iMac是精美的艺术品。它那一体化的整机好似半透明的玻璃鱼，透过绿白色调的机身，可隐约看到内部的电路结构，奇特的半透明圆形鼠标令人爱不释手。色彩用了亮丽的海蓝色，大面积使用弧面造型，有一种无拘无束的令人震撼的美感，其给计算机业和设计界带来的影响是巨大的。从1901年第一台电子打字机面世，历经一个世纪，已经不可思议地变成了一个艺术品（见图4-6）。一时间，敢于表达个性、令人耳目一新的优秀产品设计相继出笼。

从色彩设计上看，iMac鲜艳的色彩使它从乳白色的产品海洋中跳出来。在iMac设计中色彩与具体的形相结合，便具有极强的感情色彩和表现特征，具有强大的精神影响。当代美国视觉艺术心理学家布鲁墨说："色彩唤起各种情绪，表达感情，甚至影响我们正常的生理感受。"阿恩海姆则认为："色彩能够表现感情，这是一个无可辩驳的事实。"因而"色彩是一般审美中最普遍的形式"，色彩成为设计人性化表达的重要因素。现代设计秉承包豪斯的现代主义设计传统，多以黑、白、灰等中性色彩为表达语言，体现出冷静、理性的产品设计思想 iMac的色彩设计使消费者的心理为之一振，并豁然开朗起来——原来计算机等高科技产品也可以是彩色的，可以是五彩斑斓的。在现代设计的色彩运用中，融入了设计师和消费者个人的情感、喜好和观念。

图 4-5　苹果 iMac G4 向日葵计算机的键盘 2002 年

图 4-6　iMac 家族

从设计心理学角度来看，iMac 满足深层次的精神文化需求，它已将设计触角伸向人的心灵深处，通过富有隐喻色彩和审美情调的设计，赋予更多的意义，让使用者心领神会而倍感亲切（见图 4-7）。科技的发展使计算机具有更多更微妙的功能和更复杂的操作程序，如何使产品更易于操作和被消费者认同是 20 世纪 80 年代以来设计师们所面临的课题。iMac 的设计给出了一种答案，把一个新的复杂机器设计得像人类久违的伙伴那样平易亲切，又符合生产的要求。

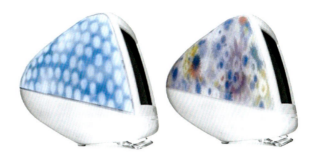

图 4-7　苹果 Power Mac G3

iMac 的成功得益于它对人性的特别关注和对"产品语意学"的成功运用。这一里程碑式的设计，使我们重新审视自己的产品和设计，并思索什么才是设计的本源。设计来源于人性化的创新。正如设计师卡里姆所说："你待在计算机屏幕前的时间越长，你的咖啡杯的外观就显得越重要。"高科技产品不应该是冷漠和令人生畏的，它更应该是亲切的、易操作的、对人性充满关爱的。

从时代生活方式上看，iMac 成功地提高了数字化产品与人的亲和力。自 iMac 问世以来，其精美的外形和合理的人机界面设计（见图 4-8），使得使用者面对计算机这一高科技产品的使用不再那么陌生和恐惧。科技的飞速发展，信息渠道的畅通无阻，给人们的生活带来无限便利的同时，也加快了工作和生活节奏，使人们的内心充满了对技术的恐慌。赋予高科技产品以人性化的友好界面，比任何时候都显得更为重要，iMac 界面的设计开创了软件操作人性化的先河。淡雅的色调，适中的鼠标移动速度，下拉操作菜单，都非常科学且富有人情味道。信息化社会的形成和发展，计算机作为一种方便且理想的设计工具，所引发的设计手段、方法、过程等一系列变化是毋庸置疑的。在信息时代，设计将从有形的设计向无形的设计转变；从物的设计向非物的设计转变；从产品的设计向服务的设计转变。如果说数字化为当今人类社会生活的发展带来了崭新的生存意义，那么人性化设计则是对这种生存意义的物化诠释。

图 4-8　苹果 Power Mac G5 及配件

2. iPod

产品设计的世界也是风水轮流的，在经历了白色海洋到彩色水果的变迁后，风格极简、纯白的 iPod，在充斥着各种颜色的数字家电市场中显得与众不同："它是无色的，但是一种大胆到令人震惊的无色。"（见图 4-9）

图 4-9　iPod

图 4-10　iPod mini

2004 年初，几乎在世界各地每一个计算机商城，都能看到行色各异的人摆弄着苹果出品的数码音乐播放器 iPod（见图 4-10）。而到了 2005 年，一位不愿透露姓名的微软高层告诉 Wired 杂志，微软总部内 80% 的员工都在用 iPod。为此，与乔布斯亦敌亦友的比尔·盖茨不得不出面表态，称自己并非 iPod 用户。

但比尔·盖茨不得不承认，"iPod 是个了不起的成功。"过去一年间，苹果令同行震惊地售出了 826 万台 iPod，将其在全球数码音乐播放器市场的份额由 1/3 提升到 2/3，而其网络音乐销售平台 iTunes 则在自己的领域占有 62% 的市场。这两大成功让苹果跳出 PC 产业的拘束，成为数字娱乐业的新宠。同期，苹果的股价翻了 3 倍，在 2005 年 2 月拆股前，一路飙升至每股 80 美元。

因为此种神奇表现，长期以来不停询问"苹果下一步该怎么走？"的分析师们，表现出了前所未有的乐观，他们预计 2005 年苹果的收入将达到 130 亿美元——较 2004 年的收入增长 33%，这并不像一家成立已有 28 年的公司应有的增长率。

2001 年，苹果公司强烈意识到，未来的 IT 产业将不以科技先进与否为最直接的评判，新的标准是它能否改进用户体验。

20 世纪 90 年代末期，苹果试探性地进入数字娱乐产业，并把方向定为将苹果计算机变为

"信息生活"的中心。公司很快确定,应该在音乐领域有所作为。2001年,苹果推出了音乐软件iTunes,但如果能用一个类似随身听的便携式存储器播放音乐,岂非更好?在当时,便携式存储器播放器还是非常狭小的市场:2001年,全美仅售出72.4万台数码音乐播放器,但直觉告诉苹果,需求是存在的,只是以往的产品普遍太差,不是只能存几首歌的低效玩具,就是难以操作的砖头般大的怪物。

2001年初,乔布斯让工程师着手捕捉这一潮流,这不仅需要更改iTunes,还需要为硬件设计一个小型操作系统,并开发出像iTunes一样适于消费者存储、检索音乐的操作界面。不仅如此,这款全新的播放器还必须能与计算机高速互动,拥有便于使用的界面和华丽的外观。

工程师托尼·法戴尔(Tony Fadell)被任命为硬件小组的组长,他的任务是在圣诞节前,生产一款轰动性产品,并被授权可以调用包括Jobs在内的任何苹果员工。全球营销副总裁菲尔·希勒(Phil Schiller)率先提出应该用转盘操作,由此加快菜单操作。而设计天才Ive则负责外观设计:"从一开始我们就想要一个看起来无比自然、无比合理又无比简单的产品,让你根本不觉得它是设计出来的"。于是有了后来的风格极简、纯白的iPod,在充斥着各种颜色的数字家电市场它完全与众不同:"它是无色的,但是一种大胆到令人震惊的无色。"

仅用了9个月时间,iPod即告完成。2001年10月iPod发布时,399美元的价格让评论界难以看好其前景。刚刚开始iPod销量并不理想,2002年,它只售出10万台。

再一次,乔布斯展现了自己魔术师般的才能,他用两个手术改变了iPod的命运。小手术是,一改以往苹果产品与Windows不兼容的特性,让PC用户也可以直接使用iPod。大手术是,将iTunes从一个单机版音乐软件变为一个网络音乐销售平台。

与PC的兼容以及iTunes的拉动,让iPod先抑后扬:它在随后两年内销量超过1000万台,"21世纪的随身听"之名终于确立起来了。它做到了随身听所不曾做到的:超越电子产品的范畴,iPod是一种符号、一个宠物,以及身份表征。

设计是一种用户体验。就像iPod证明的,它不仅是计算机产品,同样也是使用体验。iPod的成功仍是过去几年间公司在创新能力上的突破所致,而这也为苹果指明方向:消费电子产品越来越像一个"装有某种软件的盒子",人们在经历技术崇拜之后,对产品的使用体验更加关注。

2003年底推出的(见图4-11)拥有5种颜色、存储量为4G的iPod mini,其价格为249美元,比此前的10G的iPod价格降低了150美元。 为了扩大市场,让更多的人成为iPod的用户,而又不让iPod的高贵形象受损。苹果公司再度创新,调查发现,随意播放功能(shuffle)深受iPod使用者喜欢:"随意播放让你不知道什么将出现,但你知道那是你喜欢的。因此,用来找歌的显示屏并非必须,功能键也可以被简化为只有六个——播放、暂停、下一首、上一首、声音提高、声音减小。iPod shuffle因此诞生。

图 4-11　iPod mini（2003 年）

在一年前推出 iPod mini 时，乔布斯还讽刺闪存类播放器是"蹩脚的小伎俩"，很少被使用，且通常"死在抽屉里"。而在 2005 年初的 Mac World 上，他推出了苹果版本的闪存播放器 iPod shuffle。

3. iPhone

至 2005 年，iPod 销量暴涨，当年售出 2000 万台，数量惊人，是 2004 年销量的 4 倍。该产品对于苹果公司的营收越发重要，占当年收入的 45%，同时，iPod 还带动了 Mac 系列产品的销售，为苹果公司塑造出时髦的企业形象。

而这也是苹果公司担忧的地方：未来的手机将会取代 iPod，如果不早做准备，当下的繁荣不会长久。乔布斯向董事会说明："手机都开始配备摄像头了，数码相机市场正急剧萎缩。同样的情况也可能发生在 iPod 身上，如果手机制造商开始在手机中内置音乐播放器，每个人都随身带着手机，就没必要买 iPod 了。"

苹果公司的第一个策略就是与另一家以生产手机为主的公司合作。摩托罗拉公司新任 CEO 埃德·赞德和他是朋友，于是，乔布斯开始商议与摩托罗拉的畅销手机刀锋（RAZR）系列合作。该系列手机配有摄像头，双方准备合作，在其中内置 iPod，摩托罗拉 ROKR 手机就此诞生。但是，该系列手机既没有 iPod 迷人的极简风格，也没有刀锋系列便捷的造型。它外观丑陋，下载困难，只能容纳近百首歌曲。RAZR 系列手机的硬件、软件和内容并非由同一家公司控制，而由摩托罗拉公司、苹果公司及无线运营商辛格勒（Cingular）共同拼凑而成。这显然不符合苹果公司一贯的产品策略。

苹果注意到市场上手机的奇怪之处：它们都不完美，就像以前的便携式音乐播放器一样。"我们会坐在一起谈论有多么讨厌自己的手机，"乔布斯回忆说，"它们太复杂，有些功能没人能搞明白，包括通讯录，简直混乱不堪。"

促使苹果自己独立研发手机的另一个动力是潜在的市场。2005 年，全球手机销量超过 8.25 亿部。由于大多数手机同质化严重，因此一款优质时髦的手机市场空间很大，就像之前在便携式音乐播放器市场一样。起初，乔布斯把这个项目交给了研发 AirPort 无线基站的团队，理由是该手机是一款无线产品。但是他很快意识到，这实际上和 iPod 一样是一款消费类电子设备，于是又将该项目重新分配给法德尔及其团队。

他们最初设想在 iPod 的基础上制作一款手机，让使用者用滚轮选择手机功能，并且不用键盘就能输入数字。但这样的设计并不自然，使用滚轮有很多问题，尤其是拨号的时候，会很麻烦。用滚轮浏览通讯录很方便，但是想输入点儿什么就很不方便。

当时，苹果还有一个项目在进行中：秘密打造一款平板计算机。2005 年，项目组之间互相交流后，平板计算机的理念融入了手机计划之中。换言之，iPad 的想法实际上先于 iPhone 出现，并且帮助塑造了 iPhone。

Ive 回忆多点触控技术的研发时说，当时自己的设计团队已经在为苹果 MacBook Pro 的触控板研发多点触控输入技术，经过多方实验，试图将这种技术移至计算机屏幕，他们还用投影仪在墙上演示了这项技术。艾维对设计团队成员说："这将改变一切。"但他很谨慎，没有立即展示给乔布斯。事实乔布斯得知后，非常赞同这个主意，他意识到，可以用它解决手机界面的问题。由于手机项目更为重要，于是乔布斯暂时搁置了平板计算机的研发，将多点触控技术首先用于手机屏幕上。

乔布斯召集法德尔、鲁宾斯坦和席勒等前往设计部门的会议室，进行秘密会议。Ive 在会上演示了多点触控技术，法德尔不禁惊呼"哇"，每个人都喜欢这项技术，但是还不确定能否在手机上予以实现。苹果决定兵分两路：一组人马研发滚轮手机，代号为 P1；另一组人马研发多点触摸屏手机，代号为 P2。

早年特拉华州一家小企业 Finger Works 公司已经研发出具有多点触控功能的平板计算机，并申请专利，以保护自己将手指动作转化为有用功能的技术，如触控缩放和滑动浏览。2005 年初，苹果公司悄悄收购了该公司及其全部专利，两位创始人也受雇于苹果。Finger Works 不再将其产品销售给他人，并将新专利归入苹果公司名下。

滚轮 P1 项目和多点触控 P2 项目进行了 6 个月后，乔布斯把核心圈子成员召至自己的会议室，进行最终抉择。法德尔一直以来都在努力研发滚轮模型，但他承认团队还未找出简单的拨号方式。多点触控方案风险更高，因为不确定能否将其工程化，但是该方案也更激动人心，更有前景。

考虑到当时黑莓手机的流行，几位设计团队成员主张配备键盘，但物理键盘会占用屏幕空间，而且不如触摸屏键盘灵活、适应性强。"物理键盘似乎是个简单的解决方案，但是会有局限。"乔布斯说道，"如果我们能用软件把键盘放在屏幕上，那你想想，我们能在这个基础上做多少创新，我们会找到可行的方法。"最后，产品出来了，如果你想拨号，屏幕会显示数字键盘；想写东西，可调出打字键盘。每种特定的活动都有对应的按钮可以满足需求，但当用户观赏视频时，这些键盘都会消失。软件取代硬件，使得界面流畅而灵活。

苹果公司花了半年时间完善屏幕显示。很多现在看似简单的功能，都是设计人员创意头脑风暴的结果。例如，手机团队担心手机放在口袋里被不小心碰到会播放音乐或拨号，他们就会思考如何解决这个问题。开关切换"不优美"，解决方案是"滑过打开"，屏幕上简单有趣的滑块，用来激活处于休眠中的机器。另一个突破是，在用户打电话的时候，传感器能够做出判断，不会认为是手指在进行操作，从而避免出现耳朵意外激活某些功能的问题。当然，图标都是按照圆角矩形的形状进行设计的，这样在小屏幕上显示会更加整齐美观。

在每个细节的讨论之中，团队成员们成功想出了简化手机其他复杂功能的方法。他们添加了一个大型指示条，用户可以选择保持通话或进行电话会议；找到了一种浏览电子邮件的简单方法；创造了能够横向滚动的图标，用户可以选择启动不同的应用程序。这些改进使得手机更加易于使用，因为用户可以直观地在屏幕上进行操作，而无须使用物理键盘。

玻璃革新

苹果公司很喜欢在做产品时尝试用新材料。1997 年，乔布斯回归苹果后，开始着手制造 iMac，用半透明和彩色塑料做出了漂亮的产品。接下来是金属，他和艾维用光滑的钛板制作出 PowerBook G4，淘汰了塑料外壳的 PowerBook G3，两年后又用铝制材料对该款计算机进行了重新设计。之后，阳极电镀铝板被用在了 iMac 和 iPod Nano 上，这种材料是将铝进行酸浴和电镀，使其表面氧化。乔布斯得知这种材料的产量达不到他们的需要后，就在中国兴建了一家工厂进行生产。当时正是非典期间，设计负责人 Ive 前往该厂监督流程。"我在宿舍里住了 3 个月，以改进流程"他回忆道，"鲁比和其他人认为不可能做到，但是我想做，因为乔布斯和我都觉得阳极电镀铝能够真正让产品完美起来。"

再接下来是玻璃。对于 iPhone，苹果公司原计划像 iPod 一样，使用塑料屏幕。但是，玻璃屏幕品质更优，感觉更优雅实在。于是，公司开始寻找结实耐划的玻璃。乔布斯的朋友约翰·西利·布朗（John Seeley Brown）建议他联系著名的康宁玻璃公司。威克斯是位于纽约北部的康宁公司（Corning Glass）的 CEO，年轻而充满活力。乔布斯向威克斯描述了自己想为 iPhone 寻找的玻璃类型，威克斯告诉他，康宁公司在 20 世纪 60 年代就研发出一种化学交换过程，能够做出一种被他们称为"金刚玻璃"的材料，这种玻璃非常结实，但当时没有市场，于是就停产了。威克斯走到白板前开始讲解金刚玻璃的化学原理——离子交换反应在玻璃表面产生一个压缩层。苹果希望康宁公司在 6 个月内生产尽可能多的金刚玻璃。威克斯回忆这件事的时候说："我们在 6 个月内做到了，生产出了从未制造过的玻璃。"康宁公司在肯塔基州哈里斯堡有一家工厂，之前主要生产液晶显示器，一夜之间改头换面，开始全面生产金刚玻璃。"我们把自己最优秀的科学家和工程师都用在这个项目上，我们成功了。"

设计

iPhone 的最初设计是将玻璃屏幕嵌入铝合金外壳。问题在于，iPhone 的重点是屏幕显示，而他们当时的设计是金属外壳和屏幕并重。整个设备感觉太男性化，太注重效能，是一款任务驱动型产品。一个早晨，乔布斯走到工业设计部负责人艾维跟前说："我昨晚一夜没睡，因为我意识到我就是不喜欢这个设计。"这是自第一台麦金塔问世后苹果最重要的产品，可乔布斯就是觉得工业设计还不够好。Ive 意识到，乔布斯说的没错，于是进行重新设计。

新的设计出来了，手机的正面完全是金刚玻璃，一直延伸到边缘，与薄薄的不锈钢斜边相连接。手机的每个零件似乎都为屏幕而服务。新设计的外观简朴而亲切，让人忍不住想要抚摸。而这也意味着，必须重新设计制作手机内部的电路板、天线和处理器，但是乔布斯认可了这种改动。"其他公司做了这么长时间可能都已经发货了。"硬件工程师托尼·法德尔后来回忆道：

"但是我们按下了复位键，重新来过。"

这款手机完全密封，这体现了苹果产品的完美主义，设计上在当时看来也有许多激进的地方，手机无法打开，也不可能更换电池。由于无须更换电池，iPhone可以更薄，对苹果来说，始终以纤薄为美，从苹果所有的产品中能够发现。苹果有最薄的笔记本计算机、最薄的智能手机、iPad，而且以后会更薄。"

纪录片 *Objectified* 中记录了 Ive 难得的一段采访，他一边摆弄面前的零件和产品一边讲述着苹果的工业设计理念，下面摘录一些片段：

- 不断思考一个事物为何是现在这样的（不受思维定式限制，理性思考产品一切细节的意义）；

- 关注材料，以及与材料相关联的形态；

- 关注用户在物理上是怎样和产品"连接"的（iPhone 的一切都顺从于它的显示屏）；

- 让设计的结果看起来像是未经设计的，像是必然的结果，像是自然而然的；

- 强烈关注并革新制造过程，简化部件，不吝惜花费大量精力并使用尖端的工艺去制作绝妙的部件；

- 思考产品中各个部分的重要性，排除它们对用户不必要的干扰，花费大量精力去让一些特性不那么明显，而不是让这些特性去高调地昭示自己的存在；

- 在如今这个设计与制造全球化的时代，设计师和最终产品之间的距离增大了，这时更要着力避免设计出的产品和用户之间有距离感。

iPhone 发布

2007 年 1 月，iPhone 在旧金山 Macworld 大会亮相。乔布斯开场举出了两个较早的例子：最早的麦金塔，它"改变了整个计算机行业"，以及第一台 iPod，它"改变了整个音乐产业"。接着，经过一番小心翼翼的铺垫，他引出了自己即将推出的新产品。"今天，我们将推出三款高水准的革命性产品。第一款是宽屏触控式 iPod，第二款是一款革命性的手机，第三款是突破性的互联网通信设备。"他又将这句话重复了一遍以示强调，然后他问道："你们明白了吗？这不是三台独立的设备，而是一台设备，我们称它为 iPhone。"

5 个月后，即 2007 年 6 月底，iPhone 上市销售，苹果公司的竞争对手强调，售价 500 美元很难成功。"这是世界上最贵的手机，"微软公司的史蒂夫·鲍尔默（Steve Ballmer）在接受美国全国广播公司财经频道（CNBC）的采访时这样说道："但它确实对商务人士没有吸引力，因为没有键盘。"微软又一次低估了乔布斯的产品。至 2010 年底，苹果公司已售出 9000 万部 iPhone（见图 4-12），其利润占全球手机市场利润总额的一半以上。

"乔布斯了解人的欲望"艾伦·凯说道。凯是施乐 PARC 的先驱，他在 40 年前就设想过推出一台 Dynabook 平板计算机。凯善于做出预言性的评价，于是乔布斯询问他对于 iPhone 的看法。"把屏幕做成 5 英寸宽，8 英寸长，世界就是你的了"凯说。而他当时并不知道，iPhone 的设计源自平板计算机的想法，并将用于平板计算机上，而苹果的平板计算机实现了并且实际上超越了凯所设想的 Dynabook。

图 4-12　iPhone4

总体来说 iPhone 的设计堪称完美，它并非简单地将笔记本计算机缩小再加上电话功能，而是从人们移动使用方式和需求中探索而发掘出的创新。一是适宜的尺度。这也正是 iPhone 一直采用 3.5 寸屏的原因，是为了保证单手操作的情况下，能够很自然地触摸到屏幕的任何位置，也是为了保证手握时不会感到太宽而难以握持。二是表里如一的材质。iPhone 的材质在使用一年后依然表面如新，这归功于 iPhone 壳不加任何掩饰的玻璃和金属机身。这种对材质的真实表达，不但具有强烈的美感，而且大大增加了产品耐磨损性。

iPhone6（见图 4-13）的设计传达出让人安静的美。形态上追求低调，与环境协调，朴实无华，还原商品本质，做到了"大音希声，大象无形"的境界。尽量避免那些主观的形态，使得形态是不可避免的、天生的，感觉几乎没有被设计过。削减掉那些引人注意的东西，形成有序的层次，强调一个形态或标识如果没有功能就不应该使用。iPhone6 的外观安静柔和，艾维在阐述 iPhone 的工业设计理念时说，我们花费了许多心思，使得他不那么惹人注意，如果你看看我们周围的产品，你就会明白这种做法多么明智。

图 4-13　iPhone6

三、苹果公司发展战略

1. 乔布斯的人才观

乔布斯说，他花了半辈子时间才充分意识到人才的价值。他在一次演讲中说："我过去常常认为一位出色的人才能顶两名平庸的员工，现在我认为能顶五十名。"由于苹果公司需要有创意的人才，所以乔布斯说，他大约把四分之一的时间用于招募人才。

乔布斯重新接管苹果，做完动员讲演之后，艾维决定留下。艾维回忆道："当时我们讨论了产品在形式和材料方面的种种可能，我们很合得来。突然之间，我明白自己为什么热爱这家公司了。"

苹果公司的人才观可以从乔布斯的谈话中得知——A级人才的自尊心，不需要你呵护。

乔布斯说："我很早便在生活中观察到人生中大多数事情，平庸与顶尖的差距通常只有二比一，好比纽约的出租车司机，顶尖司机与普通司机之间开车速度的差距大概是30%。"

"普通汽车和顶尖汽车的差异有多少？也许20%吧。顶级CD播放机和一般CD播放机的差别？我不知道，可能也是20%吧。但是在软件行业和硬件行业，这种差距可能超过15倍甚至100倍。这种现象很罕见，能进入这个行业我感到很幸运。"

"我的成功得益于发现了许多才华横溢、不甘平庸的人才。不是B级、C级人才，而是真正的A级人才。而且我发现只要召集到五个这样的人，他们就会喜欢上彼此合作、前所未有的感觉。他们会不愿再与平庸者合作，只召集一样优秀的人。所以你只要找到几个精英，他们就会自动扩大团队。"

"假如你找到真正顶尖的人才，他们会知道自己真的很棒。你不需要悉心呵护他们的自尊心。大家的心思全都放在工作上，因为他们都知道工作表现才是最重要的。"

"我想，你能替他们做的最重要的事，就是告诉他们哪里还不够好，而且要说得非常清楚，解释为什么，并清晰明了地提醒他们恢复工作状态，同时不能让对方怀疑你的权威性，要用无可置疑的方式告诉他们，你的工作不合格。这很不容易，所以我总是采取最直截了当的方式。如果你对和我共事过的人做访谈，那些真正杰出的人，会觉得这个方法对他们有益，不过有些人却很痛恨这种方法。但不管这样的模式让人快乐还是痛苦，所有人都一定会说，这是他们人生中最珍贵的经历。"

2. 一切要尽在掌控，软件永远是核心技术

在乔布斯的哲学里，苹果始终是，也必须是一家能"全盘掌控"的公司。从硬件到软件，从设计到功能，从操作系统到应用软件，苹果的产品全部由自己打造。我们随时可以改变，创新每天都在发生，他们关注产品中的每一项技术，只有这样，每一项创新才能顺利地变为产品。苹果的创新就在于他们能够掌握每一个零件。

乔布斯意识到，"对未来的消费类电子产品而言，软件都将是核心技术"。坚持做操作系统和那些悄无声息的后端软件，比如iTunes。这样的苹果才不至于像戴尔、惠普或索尼那样，因为等待微软最新操作系统的发布而延迟推出硬件产品，这样的苹果不用看着微软干着急。而随意修改系统，还可以为iPhone和iPod制作特别的版本，这也是消费电子巨头索尼在随身听市场不敌苹果的原因。

对于苹果来说，只有A计划，在进入一个新的领域时，只倾注全力打造一款产品或服务，

没有备选方案，没有退路。这样才能将最好的创意、技术、设计倾注到一款产品上。iPod、iPhone 莫不如此。

为什么苹果说简单就是好？因为对于有形的产品而言，苹果必须完全控制，在复杂中找出秩序，就能创造完美产品。简洁不只是视觉风格，不只是极简主义，不只是"不凌乱"，而是要向复杂中深挖。要想达到真正的简洁，就必须挖得足够深。打个比方，假设你想做一款没有螺丝钉的产品，最终很容易变得极其繁琐复杂。更好的方式是深刻思考简洁二字，理解它的每一个层面，以及产品是如何制造的。你必须深刻把握产品的本质，才能判断出哪些部件并非必须。

3. 秘而不宣

苹果公司把新产品研发计划看成这个星球的最高机密，保密程度足与 FBI 媲美。在 2005 年 6 月的苹果全球开发者大会上宣布全面转向英特尔 CPU 时，才透露早在 5 年前，苹果已将操作系统 MACOSX 的代码按 X86 的架构重写，之前没有任何风声。作为 iPhone 的首个销售商，AT&T 旗下 Cingular 的高层也是在正式发布的两周前才看到 iPhone 的真实原型机，苹果甚至专门制作了几款假的 iPhone 原型机以掩人耳目。

4. 产品必须带来可观利润

如果又酷又新的产品不能带来可观利润，那不是创新，只是艺术。乔布斯在 1997 年重返苹果时做的第一件事就是砍掉经营了七年还在不断亏损的牛顿（Newton）PDA 业务。尽管这个产品极为创新、令人惊叹。而乔布斯在重返苹果后打造的 iMac、iPod、iPhone 都是商业上非常成功的产品。

5. 科技产品引导消费

苹果公司在推新产品时从来不会请调研公司进行市场调研。乔布斯认为那只会看到表面现象，让新产品的研发误入歧途。在乔布斯眼里，满足客户需求是平庸公司所为，引导客户需求是成功之道。乔布斯带领下的苹果做到了，像糖果一样五彩缤纷的 iMac 出现后，人们才认识到计算机外壳原来可以是彩色的、透明的。iPod 的可人设计 + 在线购买的 iTunes 音乐商店打造了全程的音乐体验。iPhone 的发布让大家发现手机是可以没有键盘和触摸笔的，最好的操作工具是与生俱来、不会遗失、操作自如的手指。

四、苹果的轶事与趣闻

1. 苹果与三星因产品设计对簿公堂

2011 年苹果指控三星侵犯了 iPhone 和 iPad 专利，2012 年三星对苹果发起专利侵权反诉。

苹果和三星这两家科技巨头之间的专利诉讼案中，双方都向法庭做出了开庭陈述，苹果的第一批证人也已经上庭作证，其中包括营销业务负责人保罗·席勒（Phil Schiller）、iOS 软件负责人斯科特·佛斯塔尔（Phil Schiller）以及苹果工业设计师之一克里斯托弗·斯特林格（Christopher Stringer）等。

苹果元老级设计师 Stringer 上庭为苹果作证。其间，他展示了多款 iPhone 及 iPad 的原型机（见图 4-14），并透露了产品的设计过程。他表示，苹果的设计团队有 15～16 人，他们会经常围着所谓的"餐桌"讨论各个设计的好坏，"我们会带上我们的素描簿一起交换意见，坦诚的批评是常有的事"。这个团队会把草图变成 CAD 文件（见图 4-15），如果效果不错，就会再做成实物模型，一个简单的按键可能会有多达 50 个设计。"我们的任务就是要把不存在的产品想象出来，并把它们带进生活。"工业设计师 Stringer 这样说。此外，他还解释了为何部分 iPhone 的原型机背后印着的是 iPod：因为在制作原型机的时候，还没有想好 iPhone 这个名字，而之后也为了保密起见，而刻意避免把"iPhone"印上去。

图 4-14　多款 iPhone 及 iPad 的原型机

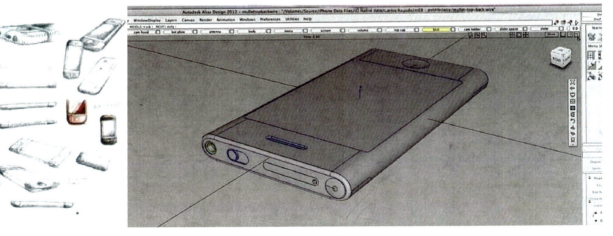

图 4-15　草图模型

2012 年 8 月，美国地区法院做出裁定，三星侵犯了苹果的 6 项专利，要求三星支付 9.3 亿美元的索赔额，并驳回了三星对苹果的专利侵权诉讼以及相关的索赔要求。

2012 年 12 月，苹果与三星再次开庭，争议的焦点在于是否依据 10 亿多美元进行赔偿。

2012 年 12 月，三星撤销在欧洲各国对苹果提出的诉讼。

2014 年 4 月，三星和苹果的第二次审判中，双方被裁定互相侵权。苹果获 1.2 亿美元赔偿，三星获 1.6 亿美元赔偿。

2012 年到 2014 年，三星和苹果双方经历了多次庭下调解，不过最终都以失败告终。

2015 年 5 月，美国联邦巡回上诉法院裁定，三星侵犯了苹果的设计和功能专利，但并未侵犯苹果的"商业外观"专利，苹果不能通过商标来保护手机的外观设计，因而该法院将 9.3 亿美元中涉及"商业外观"的 3.82 亿美元侵权赔偿额裁减掉，最终只要求三星赔偿给苹果 5.48 亿美元。

2015 年 12 月，三星向苹果支付了 5.48 亿美元赔偿，不过对此结果三星仍然不满，随后又向最高法院提起上诉，计划推翻此前赔偿中的 3.99 亿美元的赔偿。

2015 年 12 月 24 日，在三星支付赔偿额后不久，苹果又向法庭请求三星追加 1.8 亿美元的赔偿，理由是三星的产品被认定侵权后仍存在销售。

2016 年 10 月，美国联邦法院判定三星需向苹果公司赔偿 1.196 亿美元（苹果公司早前就其"滑动解锁"专利针对三星发起了诉讼）。

2017 年 10 月，美国加州圣何塞联邦地方法庭法官 Lucy Koh 下令，对苹果起诉三星电子抄袭一案进行重新审判。这次重审的重点是，重新判定三星对苹果的专利侵权赔偿额。

2. 乔布斯在斯坦福大学毕业典礼上的演讲

2005 年夏天，乔布斯受邀在斯坦福大学的毕业典礼上发表著名的毕业演讲。

作为一个尚未大学毕业的人，他风趣地表示，这是我生命中离大学毕业最近的一次。

在典礼上，乔布斯声情并茂地说了三个关于自己的故事。这些故事足以显示他对生命、对商业超凡的理解。乔布斯对操场上挤得满满的毕业生、校友和家长们说："你的时间有限，所以最好别把它浪费在模仿别人这种事上……"

全文如下：

我今天很荣幸能和你们一起参加毕业典礼，斯坦福大学是世界上最好的大学之一。我从来没有从大学中毕业。说实话，今天也许是在我的生命中离大学毕业最近的一天了。今天我想向你们讲述我生命中的三个故事。不是什么大不了的事情，只是三个故事而已。

第一个故事是关于如何把生命中的点点滴滴串连起来。

我在 Reed 大学读了六个月之后就休学了，但是在十八个月以后——我正式做出退学决定之前，我还经常去学校。我为什么要退学呢？

故事从我出生的时候讲起。我的亲生母亲是一个年轻的、没有结婚的大学毕业生。她决定让别人收养我，她十分想让我被大学毕业生收养。所以在我出生的时候，她已经做好了一切准备工作，能使我被一个律师和他的妻子所收养。但是她没有料到，当我出生之后，律师夫妇突然决定他们想要一个女孩。

所以我的养父母（当时他们还在我亲生母亲的观察名单上）突然在半夜接到了一个电话："我们现在这儿有一个不小心生出来的男婴，你们想要他吗？"他们回答道："当然！"但是我亲生母亲随后发现，我的养母从来没有上过大学，我的养父甚至从没有读过高中。她拒绝签这个收养合同。只是在几个月以后，我的养父母答应她一定要让我上大学，那个时候她才同意。

在十七岁那年，我真的上了大学。但是我很愚蠢地选择了一个几乎和你们斯坦福大学一样贵的学校，我养父母还处于蓝领阶层，他们几乎把所有积蓄都花在了我的学费上面。在六个月后，我已经看不到其中的价值所在。我不知道我想要在生命中做什么，我也不知道大学能帮助我找到怎样的答案。

但是在这里，我几乎花光了我养父母这一辈子的所有积蓄。所以我决定要退学，我觉得这是个正确的决定。不能否认，我当时确实非常的害怕，但是现在回头看看，那的确是我这一生中最棒的一个决定。在我做出退学决定的那一刻，我终于可以不必去读那些令我提不起丝毫兴趣的课程了。然后我还可以去修那些看起来有点意思的课程。

但是这并不是那么浪漫。我失去了我的宿舍，所以我只能在朋友房间的地板上睡觉，我去捡 5 美分一个的可乐瓶子，仅仅为了填饱肚子，在星期天的晚上，我需要走七英里的路程，穿过这个城市到 Hare Krishna 寺庙，只是为了能吃上饭——这个星期唯一一顿好一点的饭。但是我喜欢这样。我跟着我的直觉和好奇心走，遇到的很多东西，此后被证明是无价之宝。让我给你们举一个例子吧：

Reed 大学在那时提供也许是全美最好的美术字课程。在这个大学里面的每个海报，每个抽屉的标签上面全都是漂亮的美术字。因为我退学了，没有受到正规的训练，所以我决定去参加这个课程，去学学怎样写出漂亮的美术字。

我学到了 san serif 和 serif 字体，我学会了怎么样在不同的字母组合之间改变空格的长度，还有怎么样才能做出最棒的印刷式样。那是一种科学永远不能捕捉到的、美丽的、真实的艺术，我发现那实在是太美妙了。

当时，这些东西看起来在我的生命中，好像没有什么实际应用的可能。但是十年之后，当我们在设计第一台 Macintosh 计算机的时候，就不是那样了。我把当时所学的那些知识全都设计进了 Mac。那是第一台使用了漂亮的印刷字体的计算机。

如果我当时没有退学，就不会有机会去参加这个我感兴趣的美术字课程，Mac 就不会有这么多丰富的字体，以及赏心悦目的字体间距，那么个人计算机就不会有现在这么美妙的字形了。当然我在大学的时候，还不可能把从前的点点滴滴串连起来，但是当我十年后回顾这一切的时候，真的豁然开朗了。

再次说明的是，你在向前展望的时候不可能将这些片段串连起来，你只能在回顾的时候将点点滴滴串连起来。所以你必须相信这些片段会在你未来的某一天串连起来。你必须要相信某些东西：你的勇气、目的、生命、因缘。这个过程从来没有令我失望，只是让我的生命更加与众不同而已。

我的第二个故事是关于爱和损失。

我非常幸运，因为我在很早的时候就找到了我钟爱的东西。Wozniak 和我在二十岁的时候就在父母的车库里开创了苹果公司。我们工作得很努力，十年之后，这个公司发展到了拥有四千名雇员、价值超过二十亿美元的大公司。在公司成立的第九年，我们刚刚发布了最好的产品，那就是 Macintosh。那时我也快要到三十岁了。

但在那一年，我被炒了鱿鱼。你怎么可能被你自己创立的公司炒了鱿鱼呢？ 在苹果快速成长的时候，我们雇用了一个很有天分的人和我一起管理这个公司，在最初的几年，公司运转得很好。但是后来我们对未来的看法发生了分歧，最终我们吵了起来。当吵得不可开交的时候，董事会站在了他那一边。所以在三十岁的时候，我被解雇了。在而立之年，我生命的全部支柱离自己远去，这真是毁灭性的打击。

在最初的几个月里，我真是不知道该做些什么。我把从前的创业激情给丢了，我觉得自己让与我一同创业的人都很沮丧。我和 David Pack 和 Bob Boyce 见面，并试图向他们道歉。

我把事情弄得糟糕透顶。但是我渐渐发现了曙光，我仍然喜爱我从事的这些事情。苹果公司发生的这些事情丝毫没有改变我所热爱的东西。我被驱逐了，但是我仍然钟爱它，所以我决定从头再来。

我当时没有觉察，但是事后证明，从苹果公司被炒是我这辈子遇到的最棒的事情。因为，作为一个成功者的极乐感觉被作为一个创业者的轻松感觉所重新代替：对任何事情都不那么特别看重。这让我觉得如此自由，进入了我生命中最有创造力的一个阶段。

在接下来的五年里，我创立了一个名叫 NeXT 的公司，还有一个名叫 Pixar 的公司，然后和一个后来成为我妻子的优雅女人 Laurence 相识。Pixar 制作了世界上第一个用计算机制作的动画电影——"玩具总动员"，Pixar 现在也是世界上最成功的计算机动画制作工作室。

在后来的一系列运转中，苹果公司收购了 NeXT，然后我又回到了苹果公司。我们在 NeXT 发展的技术在苹果公司的复兴之中发挥了关键的作用。我还和 Laurence 一起建立了一个幸福的家庭。

我可以非常肯定,如果我不被苹果公司开除的话,这其中一件事情也不会发生的。这个良药的味道实在是太苦了,但是我想病人需要这个药。有些时候,生活会拿起一块砖头向你的脑袋上猛拍一下。不要失去信心。我很清楚唯一使我一直走下去的,就是我做的事情令我无比钟爱。你需要去找到你所爱的东西。

　　对于工作是如此,对于你的爱人也是如此。你的工作将会占据生活中很大的一部分。你只有相信自己所做的是伟大的工作,你才能怡然自得。如果你现在还没有找到,那么继续找,不要停下来,全心全意地去找,当你找到的时候你就会知道的。就像任何真诚的关系,随着岁月的流逝只会越来越紧密。所以继续找,直到你找到它,不要停下来!

　　我的第三个故事是关于死亡的。

　　当我十七岁的时候,我读到了一句话:"如果你把每一天都当作生命中最后一天去生活的话,那么有一天你会发现你是正确的。"这句话给我留下了深刻的印象。从那时开始,过了33年,我在每天早晨都会对着镜子问自己:"如果今天是我生命中的最后一天,你会不会完成你今天想做的事情呢?"当答案连续很多次被给予"不是"的时候,我知道自己需要做出改变了。

　　"记住你即将死去"是我一生中遇到的最重要箴言。它帮我指明了生命中重要的选择。因为几乎所有的事情,包括所有的荣誉、所有的骄傲、所有对难堪和失败的恐惧,在死亡面前都会消失。我看到的是留下的真正重要的东西。你有时候会思考你将会失去某些东西,"记住你即将死去"是我知道的避免这些想法的最好办法。你已经赤身裸体了,你没有理由不去跟随自己的心去做出选择。

　　大概一年以前,我被诊断出癌症。我在早晨七点半做了一个检查,检查清楚地显示在我的胰腺上有一个肿瘤。我当时都不知道胰腺是什么东西。医生告诉我那很可能是一种无法治愈的癌症,我还有三到六个月的时间活在这个世界上。我的医生叫我回家,然后整理好我的一切,那就是医生准备死亡的程序。那意味着你将要把未来十年对你小孩说的话在几个月里说完,那意味着把每件事情都搞定,让你的家人尽可能轻松地生活,那意味着你要说"再见了"。

　　我整天都想着那个诊断书。后来有一天早上我做了一个活切片检查,医生将一个内窥镜从我的喉咙伸进去,通过我的胃,然后进入我的肠子,用一根针在我的胰腺上的肿瘤上取了几个细胞。我当时很镇静,因为我被注射了镇静剂。但是我的妻子在那里,后来告诉我,当医生在显微镜底下观察这些细胞的时候他们开始尖叫,因为这些细胞最后竟然是一种非常罕见的可以用手术治愈的胰腺癌症。我做了这个手术,现在我痊愈了。

　　那是我最接近死亡的时候,我还希望这也是以后的几十年最接近的一次。从死亡线上又活了过来。死亡对我来说,只是一个有用但是纯粹是知识上的概念,我可以更肯定一点地对你们说,没有人愿意死,即使人们想上天堂,人们也不会为了去那里而死。但是死亡是我们每个人共同的终点,从来没有人能够逃脱它。因为死亡就是生命中最好的一个发明。它将旧的清除以便给新的让路。你们现在是新的,但是从现在开始不久以后,你们将会逐渐变成旧的然后被清除。我很抱歉这很戏剧性,但是这十分的真实。

你们时间有限，所以不要浪费在重复他人的生活上。不要被教条束缚，盲从教条就是活在别人的思考结果里。不要让别人的意见淹没了你的心声。最重要的是，你要有勇气去听从你的直觉和心灵的指示——它们在某种程度上知道你想要成为什么样子，所有其他的事情都是次要的。

当我年轻的时候，有一本振聋发聩的杂志，叫《全球目录》。它是我们那代人的圣经之一。在最后一期的封底上是清晨乡村公路的照片，照片之下有这样一段话："求知若饥，虚心若愚。"这是他们停刊的告别语。我总是希望自己能够那样，现在，在你们即将毕业，开始新的旅程的时候，我也希望你们能这样。非常感谢你们！

五、小结

苹果的传奇经历说明，新技术和新材料的强力推动，互联网的迅速发展和IT技术的不断成熟，导致数字化产品及其设计在不同层次和意义上更加广泛地扩延，为实现更加人性化的设计提供了从内核到外层的广泛平台。未来的人性化设计将具有更加全面立体的内涵，它将超越我们过去所局限的人与物的关系认识，向时间、空间、生理感官和心理方向发展。同时，通过虚拟现实、互联网络等多种数字化的形式而扩延。尼葛罗庞帝（Negroponte）被西方媒体称为在计算机和传播科技领域最具影响力的大师之一，他指出当今计算机正在以指数的增长形态，进入我们的日常生活，"计算机不再只和计算机有关，他决定我们的生存"。在他的《数字化生存》一书中，他预言在21世纪人们将被数字包围，如果人们对即将到来的信息社会、计算机时代和网络时代缺乏适应和驾驭能力的话，我们将面临生存问题。

苹果为我们讲述的以设计振兴企业的成功案例，给我们启示：成功来源于设计，设计来源于更深层次人性化的创新。

第5章 荷兰皇家飞利浦公司企业设计战略

一、飞利浦企业简介

飞利浦电子公司（Philips Electronics N.V.），1891年成立于荷兰，主要生产照明、家庭电器、医疗系统等方面的产品。当今飞利浦已发展成一家大型跨国公司，在100多个国家设有销售机构。

20世纪，飞利浦与美国的通用电气（GE）、德国的西门子（Siemens）、日本的东芝（Toshiba）并称全球四大电子集团。这四大集团共同的特色是从电灯泡这个改变人类历史的科技产品开始发迹，进而拓展到真空管技术，开发出了医疗用的X光管、收音机与电视用的真空管，最后投入半导体产业，成为全方位的电子王国。不同的是，飞利浦的竞争者们拥有母国庞大的内需市场，而飞利浦的母国荷兰，至今仍然只是一个拥有不到两千万人的人口小国。

创业之初，飞利浦在美国与德国的专利诉讼夹杀之下求生，从一个位于安荷芬小小的红砖工房开始，20年间成长为欧洲第三大照明公司。接着，随着第一次世界大战的爆发，飞利浦借着各国抵制德国产品的机会得以快速发展；更一举拿下无线电收音机市场，发展自有专利技术，将竞争对手抛至身后。

二、飞利浦企业历史故事

1. 飞利浦开端

飞利浦的前身为飞利浦灯泡工厂（见图5-1），由飞利浦父子三人共同建立。父亲是身兼烟草贸易商与银行家的菲德列克·飞利浦（Frederik Philips）；长子杰拉德·飞利浦（Gerard Philips），专长电子工程，小儿子安东·飞利浦（Anton Philips）（见图5-2），专长证券交易。

图 5-1　飞利浦灯泡工厂（现飞利浦博物馆）

图 5-2　飞利浦父子三人

当时，爱迪生发明的灯泡（见图5-3）造价昂贵，并不普及。但是热衷电子工程的杰拉德认为灯泡终将改变全人类的生活，便与父亲一起投入了这项新兴事业。创业不到两年，就因为良品率太低、成本太高而亏损连连；更因为灯泡在市场上还不普及，消费者缺乏购买意愿，造成荷兰许多照明产业工厂纷纷闲置、倒闭。飞利浦父子很快就把资本用完了，但是他们觉得这是一条正确的路，只是时机未到。于是他们决定再赌一把，父亲菲德列克将最后的家产全部投入到灯泡事业上，并且把小儿子安东从阿姆斯特丹找回来，担任公司的业务员，安东的加入很快扭转了飞利浦灯泡工厂濒临倒闭的局面。

年轻的安东很快察觉到荷兰国内的市场规模太小，无法支撑灯泡产业，于是作为公司唯一的业务员，并且只懂得荷兰语的安东，拎着一只皮箱，装着大大小小各种灯泡，买了张车票，跳上了开往俄罗斯的火车。靠着比手画脚，加上质量改善后的廉价灯泡，他竟然接下了一张俄罗斯的大订单，让公司第一次赚了钱。此后，他陆陆续续得到许多订单，正式成为飞利浦公司的王牌业务员。

在此后的短短 3 年内，飞利浦的灯泡业务增长了 5 倍以上。在业务订单上取得重大进展，让安东更有自信地在其他领域展现他的商业才华。由于订单的增多，产品供不应求，安东选择以并购或外包的方式，将荷兰南部的灯泡产能尽数纳入麾下。很快，飞利浦就成长为荷兰境内最大的灯泡公司。

图 5-3　爱迪生发明的灯泡

20 世纪初，世界上的三大照明公司分别是美国的通用电气、德国的 AEG 和西门子。这三家公司拥有大量的灯泡专利，以及庞大的研究团队与实验室，为公司提供了强大的研发后盾。1911 年，美国的通用电气发明了一项前瞻性技术：拉拔钨丝（见图 5-4），这一技术让灯泡的亮度更高、光效率更高。安东只身飞到美国，通过他的商业人脉，在欧洲人还没看到这颗最新的钨丝灯泡之前，抢先一步亲眼参观了通用电气的生产线。等他回到荷兰，立刻告诉杰拉德他的所见所闻，不到几个月，飞利浦就复制了钨丝拉拔技术。

图 5-4　飞利浦第一个拉拔钨丝灯泡

飞利浦的这种"Me too"策略，在短短 20 年内为这家荷兰公司打下半壁江山，但也招来了专利纠纷。由通用电气、西门子、AEG 以及德国 Auer 形成的灯泡联盟，彼此互惠专利，唯独将荷兰的飞利浦排斥在外。

2. 霍斯特博士与 NatLab 的建立

1911 年至 1912 年间，德国的三家灯泡企业（西门子、AEG、Auer）组成的专利共同体以飞利浦侵害通用电气拉拔钨丝的专利为由，在欧洲对飞利浦提起诉讼，要求飞利浦必须取得联盟的专利授权，缴交权利金，并且减少将近一半的市场销售。

幸运的是，德国专利共同体考虑到诉讼背后潜藏着反托拉斯法的危机，不仅对公司股价是一大打击，若败诉，公司甚至会被强迫分拆。于是，在对飞利浦的诉讼案中，通用电气并不积极。1912 年，大难不死的飞利浦在阿姆斯特丹证券交易所挂牌上市，安东与杰拉德两位创始人出售手中持股，各自获利约合现在的 1500 万欧元。从当年那个摇摇欲坠的灯泡组装厂，到富甲一方，那一年，安东·飞利浦仅仅 38 岁。

图 5-5　NatLab 物理实验室

经过这场专利诉讼，飞利浦兄弟开始从一个以生产为主的公司转向以研发为主的照明公司。飞利浦兄弟邀请霍斯特博士加入，并创建了 Philips Research 的前身，NatLab（Natuurkundig Laboratorium，物理实验室）（见图 5-5）。在这个实验室里，霍斯特博士和他的科学家们开始专注气体放电效应，发明了第一盏高压气体放电灯（也就是荧光灯）。时至今日，气体放电科技仍然为飞利浦照明部门稳定贡献超过七成的营业额。接着，霍斯特意识到真空技术可以扩展到 X 射线事业，这奠定了飞利浦医疗事业发展的基础。此外，霍斯特博士也是当年固态物理学以及超导体技术的先驱，把人类的历史带入了电子时代。在这位博士的主持之下，NatLab 发明了多极管，乃至之后的晶体管、无线电收音机、彩色电视机及光盘片。可以说，在 NatLab 以后，荷兰才真正变成一个研发与创新的强国。

3. 第一次世界大战

1914 年 7 月 28 日，奥匈帝国向塞尔维亚宣战，第一次世界大战爆发，欧洲诸国分为两大阵营彼此对立。德国的产品遭到协约国阵营的抵制，这意味着欧洲最大的两家灯泡工厂西门子和 AEG 顿时失去了整个西欧市场。

飞利浦的母国荷兰，在第一次世界大战中宣部保持中立。这个重大的外交决定，给了飞利浦公司在乱世中急速成长的大好契机。嗅觉敏锐的安东，立刻扩大产能，准备一举攻下呈现真空状态的西欧照明市场。就在此时，美国照明巨人通用电气向安东提出了一份专利和解协议。飞利浦可以合法地使用拉拔钨丝，相对地，飞利浦必须退出北美。安东很快同意了这个提议。安东领军的业务团队在协约国成员之间奔走，遍及西欧、北欧，以及东方的俄罗斯。第一次世界大战期间物资缺乏，加上德国商品受到协约国的抵制，飞利浦的产品很快就大受欢迎。

于是，在大战期间，安东干起了荷兰人的老本行——航运。将渔船内部改装成货船，在海上灵活地将飞利浦的灯泡运送到法国、比利时、南欧地区，以及斯堪的纳维亚。伪装船队顺利躲过了德国潜艇的封锁。飞利浦的灯泡不止越过战火顺利到达欧洲诸国，船队回程的时候，又会载着其他的物资回到荷兰。一来一往，为飞利浦赢得了大量财富。

大战中，飞利浦获得了巨幅的成长。尽管放弃了北美市场，飞利浦却进入了拉丁美洲市场，同时接收了西门子与 AEG 的欧洲失地。此外，正式得到了通用电气的专利授权，将公司长期潜在的专利风险一举消灭（见图 5-6）。1918 年 11 月 11 日，第一次世界大战结束。来自北海小国荷兰的飞利浦，成为欧洲最大的照明公司。

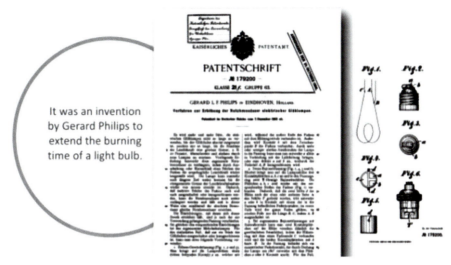

图 5-6　1905 年飞利浦第一个灯泡专利

4.第二次世界大战

弗里茨·飞利浦（见图 5-7）是安东·飞利浦的儿子，飞利浦第四任总裁。第二次世界大战期间，弗里茨留在了荷兰，并成功使公司在战争中生存下来。他把飞利浦从一家荷兰本地公司变成了世界知名的跨国集团，他在第二次世界大战中挽救了数百名犹太人的生命。

图 5-7　弗里茨·飞利浦

三、飞利浦产品设计战略之飞利浦发展里程

1918 年，飞利浦公司推出了医用 X 射线管（见图 5-8），标志着飞利浦产品开始朝多元化方向发展。20 世纪 40 至 50 年代，科学技术经历了巨大的变革。飞利浦发明了旋转刀头，继而研发出 Philishave 电动剃须刀，并为之后在晶体管和集成电路上的突破奠定了基础。飞利浦还为电视图像的记录、传播和复制技术做出了重要贡献。

1963 年，飞利浦推出了卡式收音机（见图 5-9）。1965 年，生产出第一个集成电路。整个 20 世纪 70 年代，飞利浦精彩的新产品和新概念不断涌现。照明领域的研究为新 PL（Powerless）无源技术和 SL 节能灯的推出做出了重要贡献，同时飞利浦研究实验室在影像、声音及数据的处理、存储和传输方面也取得了突破性进展，从而发明了激光唱盘和光学电讯系统。

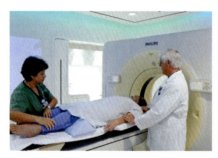

图 5-8　医用 X 射线管

图 5-9　卡式收音机

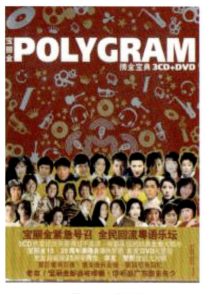

图 5-10　宝丽金

1972 年，公司创建了 PolyGram（宝丽金）公司（见图 5-10），在音乐录制方面取得了巨大的成功。1974 年和 1975 年，宝丽金在美国分别收购了 Magnavox 公司和 Signetics 公司。1998 年，飞利浦将宝丽金出售给 Seagram，后来成为 Universal Music Group。

1983 年，飞利浦迎来了新的技术里程碑：推出压缩光盘。1984 年，飞利浦生产了第 1 亿台电视机。20 世纪 80 年代收购的 GTE Sylvania 电视业务和 Westinghouse 照明业务帮助公司实现了进一步的业务扩张。

20 世纪 90 年代是飞利浦经历重大变革的 10 年。飞利浦的部门业务始终保持良好的运营状态，到 1995 年，飞利浦已经销售了 3 亿台 Philishave 电动剃须刀（见图 5-11）。基于压缩唱片方面的成功技术，1997 年，飞利浦与索尼公司合作，推出了另一项创新产品 DVD，该产品成了历史上发展最快的家电产品。

图 5-11　Philishave 电动剃须刀

跨入 21 世纪，飞利浦变革与发展的步伐始终没有停息。长久以来，飞利浦在人们的心目中只是一个消费电子产品生产商。2004年，飞利浦发布了新的品牌承诺"精于心•简于形"，并通过大规模的广告宣传攻势，承诺为消费者提供"为您设计、轻松体验、创新先进"的产品和解决方案。2007年9月，飞利浦发布了"愿景2010"策略，进一步将飞利浦打造成高增长、高利润的公司。作为"愿景2010"的一部分，从2008年1月1日起，公司精简了组织架构，成立了三大事业部：医疗保健、照明和优质生活。通过这些举措，进一步将飞利浦定位为一家以市场为导向、以人为本的公司，其业务结构和发展策略充分反映客户的需要。基于这样的业务组合，飞利浦正在积极打造"健康舒适、优质生活"领域的领导品牌。

四、飞利浦产品设计战略之设计领军人物

1980年以前，设计部门在飞利浦只是一个主要负责广告设计的很小的机构。今天的飞利浦设计部门已经发展为拥有450多位专业人员的国际性组织，成员来自35个不同的国家或地区，并在7个国家的12个工作室工作。这些专业人员不仅参与产品设计，而且还参与围绕产品的整体体验设计的全部过程。飞利浦设计部荣获过德国红点奖、IF奖、美国IDEA奖、日本G-Mark奖和荷兰设计奖等众多有影响力的国际奖项。

1. Louis Kalff

第一位飞利浦设计领军人物Louis Kalff，1867年生于荷兰，建筑学专业毕业。Louis Kalff于1925年加入飞利浦，担任广告部负责人。他的第一项任务是整合飞利浦品牌形象并统一飞利浦标准颜色。他引入了官方使用的"PHILIPS"字标（见

图5-12 Louis Kalff 设计的字标

图5-12），这一标准化并受保护的字标一直被沿用至今。1928年，从展览设计到商店甚至轮船舱室内，照明开始发挥越来越重要的作用。实际上，Louis Kalff的工作重点就是如何衔接照明（见图5-13）和建筑。在整个照明领域，他意识到，作为新技术，照明资源和建筑艺术结合以及不断变化的生活方式，将会影响未来的发展方向。

2. Rein Veersema

然而1950年之前，飞利浦产品设计的策略尚不明确。第二位飞利浦设计领军人物是Rein Veersema，1922年生于荷兰，毕业于代夫特科技大学的建筑学专业，主要负责飞利浦收音机、电视机、唱机、电动剃须刀的设计。

图 5-13　Louis Kalff 设计的灯具

Veersema 深知,当一个大众化产品成为一个公司的主营业务时,设计绝不仅仅是某个人个人风格的体现了,而更应该是聚合不同方面专家集体力量的体现。他认为受过训练的设计方法和协作设计政策对于飞利浦产品的成功是至关重要的。在他为期不长的领导飞利浦设计部门期间,Veersema 为使设计在飞利浦内部规范化做出了实质性的贡献,他同时也向管理委员会提出了组织工业设计成为企业核心任务的建议。1960 年,理事会成立了一个工业设计部门,Rein Veersema 担任主持,并提出"产品家族形象",即飞利浦的产品要有独特、统一的面貌。

3. Knut Yran

第三位飞利浦设计领军人物 Knut Yran,1920 年生于挪威,设计师、诗人和画家。Knut Yran 把设计视为一种交互约束的行为。他认为持续地与其他方面的专家合作和交流对于设计师来说越来越重要,原因很简单,设计所包含的先进技术含量越来越高。Knut Yran 提倡设计在市场上的发展必须依靠技术,其次设计师在设计之前要对市场有明确的认识和了解。

在 Yran 的倡导下,1973 年,飞利浦提出"系统设计",制定了飞利浦第一个设计手册 house style manual。Yran 在职期间正好是飞利浦快速全球化的时间,同时传统设计技巧和中央设计控制也都处于发展阶段。他坚信,在将技术转化为商品的过程中,团队合作精神是至关重要的。他一直致力于优化新材料、技术、工具和技巧方面的信息交流。

图 5-14　Robert Blaich

4. Robert Blaich

第四位飞利浦设计领军人物 Robert Blaich(见图 5-14),1930 年生于纽约,毕业于美国锡拉库扎大学建筑学专业,曾经在美国最大的室内设计和家具公司——米勒公司工作。为了形成新的、国际性的设计和产品开发战略,Blaich 在飞利浦组织了新型的产品开发组,设计人员与工程人员合作，共同完成设计。

5. Stefano Marzano

第五位飞利浦设计领军人物 Stefano Marzano，米兰综合技术学院毕业，现任飞利浦设计部首席执行官和首席创意总监。自 1991 年 Stefano Marzano 加入飞利浦公司以来，他一直坚信设计技术本身已经不能满足创造相关的、有意义的解决方案来最好地满足人们的日常生活的需要。他执行了一种基于研究基础的设计战略，更加以人为本。这一战略被很好地贯彻于整个商业程序并吸收了其他设计相关的技巧，如趋势分析学、心理学、社会学和文化人类学的智慧。Marzano 秉承这样一种信念，解决方案不应该仅仅是因为技术上的可能性而被创造的，还应该考虑到人们需要它是因为它能够按照人们喜欢的方式去改善生活质量。

五、飞利浦产品设计战略之产品设计流程

飞利浦在第三位领军人物 Knut Yran 领导时期，就已经意识到产品设计流程的重要性，设计手册 house style manual 将产品设计流程分成 6 个步骤。

第一步，收集情报、分析情报、提出设计设想。对于设计师而言，情报的收集，以及对其进行详细的分析（见图 5-15）是产生正确指导思想的重要方法。情报收集可以有很多途径，从客户那里可以得到生产及现状的分析；走进市场可以很好地了解产品的销售痛点及市场反馈；让消费者体验产品，将能够搜集真实的用户体验。

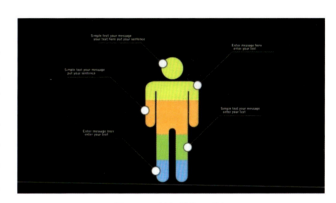

图 5-15　情报收集及分析

第二步，设计草图（见图 5-16）阶段。草图是设计师发散思维、记录灵感的重要手段。每个设计师的草图不一定都要达到大师级别，但要能够将自己的想法快速、准确地表达出来，以方便设计团队进行讨论。

图 5-16　设计草图

第三步，各种草图和方案的讨论及分析（见图5-17）。在方案讨论、分析及设计执行中，都必须考虑产品的系列化、符合企业总体形象、标准化的问题。

图5-17　方案的讨论及分析

第四步，安全性因素考虑（见图5-18），这也是任何一个有责任感的企业所必须考虑的事情。

图5-18　安全性因素考虑

第五步，耐用性因素考虑。这里所讲的耐用性因素，在其他很多公司的设计流程和原则中并没有提到。所以飞利浦的产品始终保持结实耐用。

第六步，完整的外形和色彩（见图5-19）的设计执行阶段，在这个阶段不仅要考虑产品外形的完整性，还要考虑产品色彩在设计中的重要性。

图5-19　外形和色彩

六、飞利浦产品设计策略之产品构架

飞利浦目前以三大板块作为主要产品构架。第一板块，照明类（见图 5-20），包括 FUCLUB（HID 氙汽车灯）、CosmoPolis（道路照明）、Living Colors（氛围照明）等。第二板块，医疗保健类（见图 5-21），包括 Brilliance iCT 机、综合性介入手术室、Avaion FM 20 & FM 30 重症监护仪、核磁共振和 CT 系统、飞利浦 Lifeline 个人急救警报服务等。第三板块，消费类（见图 5-22），包括个人护理类、音响类、母婴用品，如新安怡系列，家居产品等。2017 年，飞利浦联手雷诺照明设计打造了一款概念汽车 SYMBIOZ 和智能家居"光影 SHOW"。

图 5-20　照明类

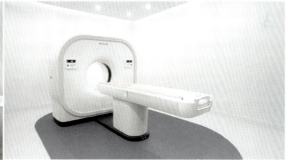

图 5-21　医疗保健类

图 5-22　消费类

七、飞利浦品牌形象战略

飞利浦的标识由七个蓝色字母组成，由第一代设计领军人物 Louis Kalff 设计，沿用至今。

1. 飞利浦"让我们做得更好"

图 5-23 "让我们做得更好"标识设计

1995 年飞利浦引入了第一个全球主题"让我们做得更好"（见图 5-23），这是飞利浦第一次把整个公司整合起来，向外界展示统一的公司形象。在某种意义上说，由于这一主题的出现，"PHILIPS"这个标识才被赋予了统一的、内涵丰富的、拥有强大生命力的意义。"PHILIPS"作为全球统一品牌一直沿用至今，给飞利浦带来了很大的成功。

"让我们做得更好"这句人们耳熟能详的飞利浦品牌广告语，现在已成为历史。

2. 飞利浦"精于心、简于形"

2004 年 9 月，总部设在荷兰阿姆斯特丹的飞利浦公司在全球同时发布：将从 9 月开始，正式启用新的广告语，并推动全新的飞利浦品牌定位策略。在飞利浦所有的广告、产品包装和其他宣传品上，除了"PHILIPS"这个标识，还在相应的位置配上一句话"sense and simplicity"。

也就是说"Let's make things better（让我们做得更好）"，将被"sense and simplicity"所代替。"sense and simplicity"，中文直译是"直觉和简易"的意思，现译为"精于心，简于形"（见图 5-24）

这是飞利浦的一次重要的品牌重塑行动。虽然这一次没有对"PHILIPS"这个标识本身进行变动，但它对"PHILIPS"这个品牌却意义重大。

图 5-24 "精于心、简于形"标识设计

飞利浦的新标识强调了两点：一是产品对消费者的体贴和人文关怀；二是强调产品设计与功能的简约，给消费者轻松、简便的使用体验。

飞利浦想要强调的，是对消费者需求的重视，对市场的重视，是要让飞利浦由一个技术驱动型公司真正转变成一个"市场驱动型"公司。飞利浦力图通过这一全新定位，将核心消费群体锁定在 30~50 岁的消费者，而这一群体，正是典型的购买决策者，他们收入较高，容易接受新事物，但不喜欢技术带来的复杂性。

飞利浦一向以技术创新见长，在产品研发和制造方面有过人的实力。电动剃须刀、盒式录音带、CD 和 DVD 等产品和技术发明都出自该公司。但就是这样一家公司，2000 年前后，飞利浦曾连续 7 个季度亏损，一再陷入重组、失败、再重组、再失败的怪圈。这是由于飞利浦的市场意识不够，技术创新没能迅速转化为市场优势，导致其错失了许多良机。

3. 飞利浦"迈向一个飞利浦"

2000 年，飞利浦开始了自内而外的变革，踏上战略转型之路。柯慈雷临危授命，担任总裁。他主政之后随即对飞利浦进行了大刀阔斧的改革和战略转型。2002 年，飞利浦启动了名为"迈向一个飞利浦"的战略计划，以增强公司内部的协调和配合能力，提高对于市场和客户的反应速度。飞利浦此次启动的全新市场定位暗合了该计划，即从人事财务管理等各方面对公司业务进行整合。

为进一步突出飞利浦的市场形象，公司特意将其麾下家电、半导体等五大业务部门重新整合为"医疗保健、时尚生活和核心技术"三大块。

飞利浦首席营销官芮安卓一再强调，飞利浦必须将"简单"的原则贯穿到产品创意、设计和制造各个环节。新产品在技术上可能是高度先进和复杂的，但在让消费者使用时一定要注重"简单"，以给消费者的生活提供真正的便利。

八、飞利浦企业发展战略中的野史趣闻

谈起"飞利浦照明"，近年来，国内媒体最为关注的事件有三：其一、中资收购飞利浦 Lumileds 因美国以"国家安全顾虑"为由最终"功亏一篑"；其二、飞利浦照明拆分后成功上市，中国与美国同时竞争，飞利浦 Lumileds 最终以 15 亿美元的价格出手至美国；其三、飞利浦灯饰制造（深圳）有限公司提前解散。

那么，这三年，飞利浦照明到底经历了什么？企业发展战略又是什么？

1. 飞利浦企业规划策略

2014 年 7 月，飞利浦宣布将把 Lumileds LED（LED 芯片）与汽车照明事业部进行合并，并将其设为独立子公司。

2014 年 9 月，荷兰皇家飞利浦集团发布消息称，计划将旗下业务一分为二：照明业务单独成立"飞利浦照明公司"，消费品和医药部门合并成"飞利浦医疗科技公司"，两家公司将共同使用"PHILIPS"品牌。

2014 年 10 月，飞利浦正式完成 Lumileds LED 与汽车照明的切割与合并，新公司名为 Lumileds。

2016 年 1 月，由于无法解决美国外国投资委员会"有关国家安全的顾虑"，双方决定停止此项交易。但飞利浦公司仍计划出售 Lumileds。

2016 年 5 月，飞利浦照明于荷兰阿姆斯特丹证券交易所上市，首日股价出现上涨。作为荷兰皇家飞利浦集团重组工作的一部分，该集团选择将其拥有 125 年之久的照明部门的 25% 股份对外出售。

2017 年 2 月，飞利浦表示，他们将出售 14.8% 的飞利浦照明事业部股权。作为飞利浦集团战略的一部分，把照明事业部分割出去上市是该公司的重要计划。当时，飞利浦预计在两年内实现完整计划，该公司股价在发布这个消息后大涨了 20%。

对于飞利浦来说，飞利浦转型已迫在眉睫。早在飞利浦照明业务分拆之际，飞利浦 CEO Fransvan Houten 就曾表示，他明白决定牵涉的规模有多大，但是飞利浦采取下一步的时机到了。飞利浦近年来已把营运重心转向医疗和先进照明产品。

2. 飞利浦智能照明发展策略

早在 2014 年 6 月，飞利浦就在广州国际照明展览会上针对"照明未来发展趋势"，首次提出"智能互联照明"概念，并针对家居、办公、商业及城市等各个领域推出全面的智能互联照明解决方案。之后，飞利浦在推动智能照明发展方面更是"大步向前"。

（1）2016 年 11 月，飞利浦照明与小米签署协议，组建新的合资公司。新公司将为小米智能家庭生态系统设计和开发智能互联 LED 照明产品。新合资公司由飞利浦照明和小米按 70%、30% 股权成立，所开发的产品仍将通过小米零售渠道销售。

（2）2016 年 9 月，华为官网发布：华为和飞利浦签署合作协议，旨在保障飞利浦 Hue 智能家居照明系统和华为 Ocean Connect 物联网平台之间的无缝对接。

（3）2015 年 6 月，飞利浦和电力与自动化技术集团 ABB 宣布，双方将在中国开展合作，使飞利浦 Hue 智能家居照明系统和 ABBi－家智能家居控制系统无缝整合，为消费者提供一体化智能家居照明控制方案，携手推动中国智能家居市场的快速发展。

与此同时，飞利浦还就"智能照明产品"在中国市场召开系列新闻发布会，推介其先后推出的智能产品。如 2016 年 8 月，飞利浦照明在北京举行了 2016 媒体大会，全方位解读了"光，超乎所见"的品牌理念，并将风靡全球的家居智能照明系统——飞利浦 Hue 全系列产品带到活动现场。同年 12 月，飞利浦照明还携手天猫在上海举办飞利浦 Hue 家居灯具系列新品天猫首发会。

不断强调、不断重复、不断加强，飞利浦对于"智能照明"的战略重视不言而喻。在中国，智能照明蓝海市场正在逐渐打开，可以预见，在全员追求智能热的今天，智能家居及智能照明在不久的未来实现产业化及市场化指日可待。而明显提前布局且兼具技术优势、品牌优势、渠道优势的飞利浦照明，一旦智能市场蓬勃起来，其前景将非常乐观。

九、飞利浦智能照明案例分析及发展趋势

飞利浦照明目前主要致力于农作物生产照明系统（见图5-25），多功能建筑空间照明系统，以及城市景观照明系统。

图 5-25　飞利浦照明现发展领域

1.滨河黄河大桥景观照明设计

滨河黄河大桥全长6587米，双向八车道，主桥为三塔四跨结构，塔高98米，最大跨度218米，是大跨度的多塔连跨钢混叠合梁自锚式悬索桥。滨河黄河大桥照明设计采用飞利浦Color Kinetics技术，色彩变化多达1670万种，飞利浦Color Kinetics技术全新LED照明系统（见图5-26）寿命更长，同时可节约75%能耗。

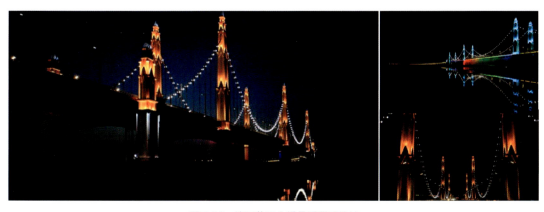

图 5-26　滨河黄河大桥景观照明设计

在照明设计上，采用立面向上的洗墙灯效果，拉长竖向视觉效果，同时大桥绳索采用点状光源，从远处看如一颗颗珍珠般璀璨。大桥可通过智能照明控制，变换色彩，使大桥的夜景照明成为著名的地标景观。

2. 南京青奥中心照明设计

南京青奥中心（见图5-27）位于南京市建邺区，包括一栋68层高的五星级酒店及办公塔楼、一栋58层高的会议酒店塔楼和一栋6层高的会议中心，最高处约300米。飞利浦照明与美国BPI照明设计公司一起，以创意和文化为考量，以光为载体，以南京夜空为背景，以强大的技术和照明系统作为支撑，共同为观赏者呈现出了一场场充满设计感的视觉互动盛宴。

图5-27　南京青奥中心照明设计

南京青奥中心的照明设计将南京步行桥照明设计与南京青奥中心照明设计一体化，形成整体视觉效果。同时，在南京青奥中心的照明设计上由于建筑曲面的设计难以使用传统的照明灯具，因此飞利浦将点光源作为建筑外立面的主要照明手段，通过点光源随着建筑形体的排布，将光线延伸向上，寓意"积极向上、充满希望"。

3. 飞利浦未来发展战略：智能照明系统的打造

城市化的步伐越来越快。如今，全球有54%的人口都居住在城市里，到2050年，这一比例将增加到66%。飞利浦致力于打造智能照明系统（见图5-28），这不仅是未来智慧城市发展的需要，同时也将引领人们采用新的生活模式。

城市化进程的发展，伴随着环境、经济和社会等诸多方面挑战。智慧城市是应对这些挑战的理想途径。智慧城市离不开智能照明系统，飞利浦利用在通信和数字技术、数据共享和分析以及智能设计等方面取得的全新进展，让城市更宜居、适应性更强、经济发展更健康和更可持续发展。从路灯等电表乃至交通信号，智能照明传感器和嵌入式设备通过开放的智能互联网设施协同工作，降低能耗、优化运营，使城市生活更幸福、更安全。

图 5-28 智能照明系统

十、飞利浦企业设计战略总结

1. 企业品牌故事的打造

品牌故事的塑造有利于向消费者阐述品牌数年积淀下来的文化、历史、品牌形象等。飞利浦从创业之初至今已有一百多年，其历史故事、文化、品牌形象的不断创新都为其打下坚实的基础。

2. 人才组织的构建

在第二次世界大战中，飞利浦第四任总裁弗里茨·飞利浦坚守飞利浦企业运营，不仅在当时救了很多犹太人的生命，同时也成功保住了飞利浦。他早早地意识到人才组织的构建是整个企业的命脉，他说过这样一句话："厂房和机器花钱就能买到，但一个企业的组织文化却是不能用金钱衡量的。"而正是弗里茨在人才组织构建方面的努力，将飞利浦从一家荷兰本地公司变成了世界知名的跨国集团，这为其日后的企业发展塑造了很好的品牌形象。

3. 技术与设计的结合

飞利浦从灯泡起家，最初是以营销为主的小企业，诉讼案之后，飞利浦自主研发新技术、新产品，对设计部分的考虑较晚。但飞利浦第三代设计领军人物 Knut Yran 早早意识到飞利浦的设计应具有家族品牌形象，提出系统设计，非常重视技术与设计上的巧妙结合。2004 年，飞利浦提出"精于心，简于形"的企业发展策略，试图打造满足当今消费群体生活品质需求的精致、简易、快捷的产品设计形象。

4. 营销的不断拓展

从飞利浦创业之初，安东·飞利浦只身一人到俄罗斯招揽生意，到第一次世界大战，飞利浦向欧洲市场的不断扩展，再到如今飞利浦进军中美国际市场，看得出，飞利浦在市场营销方面大用笔墨。以中国为例，飞利浦与中国本土品牌小米、华为等合作，通过不断强调、不断重复、不断加强品牌宣传，以此打开中国市场，为飞利浦日后的蓬勃发展奠定了基础。

荷兰皇家飞利浦公司，这个拥有百年历史的电子企业，其企业发展历程、产品设计发展策略，以及品牌形象塑造等方面的成功之处，都将为我国本土企业的发展提供一定的参考及借鉴价值。

第 6 章
无印良品的企业设计战略

一、无印良品简述

1. 无印良品的品牌发展史及现状

20 世纪 80 年代,全世界爆发了第二次石油危机,世界经济低迷,市场物价高涨,生产相对过剩。随之出现的,则是消费者心态和观念的重塑:数年前人们还附和着"顾客是上帝"的宣传口号,此时人们开始讲究"商品的实质价值",商家能否提供"优质且价格便宜的商品"变成企业生死存亡的关键。

1980 年,西武流通集团旗下的西友超市打出"有道理的便宜"口号,推出"无印良品"品牌,即在"No Brand"后面增加了"良品"。当时只有 9 种家用品和 31 种食品,1981 年添设了服装和内衣。1982 年,无印良品开始批发商品给其他合作商店,并设计出自己的脚踏车,称为"22 inch bicycle"。

1983 年,田中一光(见图 6-1)和小池一子在日本青山开设了第一个直营专卖店。1984 年,以无印良品自然颜色系列,来扩展商场的营业面积。1989 年,日本经济泡沫破裂,经济一度停滞,第四消费时代如期而至。在此背景下,无印良品从西友百货体系独立出来,正式展开了"株式会社良品计划",并在第二年取得所有的营业权。

图 6-1 田中一光

1991年，无印良品在英国伦敦开设第一家海外分店，使用"MUJI"为品牌名称。1994年，MUJI增加了斯堪的纳维亚家具。次年，开始进入家电业，推出了冰箱、洗衣机、电话等电器商品。同年8月，在日本准备上市。

2000年，无印良品正处于低谷期，营业额和利润都急剧下降，企业利润几乎是零，因此，之前的总经理引咎辞职。

2001年，松井忠三临危授命，成为总经理并进行了重大变革。变革一：企业重组及裁员。变革前，组织机构臃肿，审计和提案资料等手续也非常烦琐，95%都在做计划，只有5%在执行。战略转型后把95%都转化为执行力，只有5%是思考和计划。变革二：集团再次"以产品研发为中心""以产品本身来思考"的产品本位来发展。变革三：开店调整。松井忠三把开店的要素列了25项调查内容，将开店成功率逐步提升到90%，截至2019年年底，无印良品在全球拥有九百多家门店，覆盖全球32个国家和地区。

经过10多年的改革，无印良品的收入翻番，盈利能力保持高速增长。最重要的是，无印良品的门店扩张并不以放低身价为手段，其重点在于展示品牌的精神和特色。在欧洲，它们把店铺开到了巴黎卢浮宫的地下街；在美国，无印良品因"商品环保，设计高雅"入驻世界著名的纽约现代艺术博物馆商店。无论在欧美发达国家，还是在非洲、南美等地，无印良品的每一件产品，都在真真切切地表现自己最本质的价值，无印良品早已成为一个超越文化障碍的国际品牌。而今，无印良品已跻身"世界百大品牌"之列，其门店遍及世界各地，经营的商品种类从最初的几十种发展到现在的7000多种。2019年，无印良品的营业收入高达4088亿日元，营业利润447亿日元，创造了国际零售商业奇迹。

无印良品的诞生是时代的必然。在日本经济低迷时期，无印良品以"因为合理，所以便宜"的品牌理念成为当时市场上的一股清流，以其朴素简约的生活哲理俘获了民众的心。

2. 设计大师——原研哉

原研哉（见图6-2），1958年出生于日本，是日本中生代国际级平面设计大师，日本设计中心的代表，武藏野美术大学教授，无印良品（MUJI）艺术总监。

原研哉对作品的设计灵感来源于日常生活。他的作品体现了一种"简单"的理念，其设计理念是离不开我们日常生活的，我们每一天都在和日常生活用品打交道。因此，源于生活、追求本质就是要通过设计方便人们的生活，影响并丰富人们的生活方式。原研哉的设计理念就是要求设计师对事物进行重新审视，将人们日常生活中所熟悉的各种事物以另外一种陌生化的方式进行再表达、再设计，他认为设计就是在实践中不断地对设计的本质进行更深层次的挖掘，这种挖掘和探索的过程来源于对生活的思考和设计师敏锐的观察力。

图6-2 原研哉

3. 设计大师——深泽直人

深泽直人（见图 6-3），日本著名产品设计师，家用电器和日用杂物设计品牌"±0"的创始人。2003 年，他加入了日本无印良品公司的顾问委员会。

深泽直人将自己的设计理念概括为"无意识设计"。"无意识设计"（Without Thought）又称为"直觉设计"，是深泽直人首次提出的一种设计理念，即"将无意识的行动转化为可见之物"。比如，经常做饭的人一般都知道，煮米饭时放一些辅料可以使做出的米饭达到意想不到的口味，放醋可以使煮出的米饭更加松软、香嫩。即使大部分人知道这个常识，但是因为一时疏忽仍会有忘记添加辅料的时候。因此需要这样一种设计，可以使人在煮米饭时的一个无意识动作中自动添加相应辅料，这种设计就称为"无意识设计"。设计是为了满足人的某种生活需求，而非改变，设计是为了方便人的生活方式，而非复杂。因此，好的设计必须以人为本，注重人的生活细节，方便人的生活习惯，让生活更美好。

图 6-3 深泽直人

图 6-4 所示的是一款深泽直人为无印良品设计的 CD 播放器，这款 CD 播放器的外形非常简洁、大方，似排气扇，并且它有三个与众不同的地方：一是它的开关是一根拉绳；二是它可以悬挂在墙壁上；三是当它在播放音乐的时候听众可以非常清晰地看到光盘的转动。之所以将它的开关设计成一根拉绳，一方面是因为深泽直人想让使用者凭自身的直觉直接去使用，而不需要去经历那一步步复杂的程序。另一方面是因为深泽直人将人们的生活情感与生活经历应用到了自己的设计当中，能够使许多人想到自己小时候就是用这样的一根拉绳来开灯的。不同的是，在这个设计当中，我们每一次拉绳带来的不再是灯光的明暗交替，取而代之的是美妙的音乐。深泽直人的设计总是能够将更多的情感元素注入自己设计的实物当中，并且非常仔细地观察人们生活中的各个细节，因此能够引起消费者足够的注意，也能够在许多同类设计产品中脱颖而出。这也正体现了深泽直人先生"无意识设计"的精髓。

图 6-4 CD 播放器

二、"无印良品"的品牌精神及品牌宣传方式

1. 无印良品的精神

无印良品不主张个性突出或具有特定的美学意识。现今，很多品牌都以诱发消费者产生所谓的"这个最好""非它不可"的强烈喜好为目的，但无印良品的理想却不在此，它想做的是要带给消费者一种"这样就好"的满足感。无印良品尽量把"这样"提高到尽可能高的水准。这样的思想多少有点中庸，但真实可信，在平淡中透出对生活的认真，使受众觉得更为亲近。

2. 无印良品的产品理念

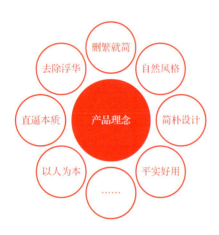

图6-5　无印良品的设计特点

无印良品的设计最有灵魂的地方就是对极简主义风格的灵活运用。产品没有商标，省去了不必要的设计，去除一切不必要的加工和颜色，简单到只剩下素材和功能本身（见图6-5）。简明扼要，以"物有所值"为宗旨并研发出各种价廉物美的商品。并且这一风格既符合日本民族审美观中内在的简约、素朴的特征，又符合世界范围设计风格中的理智冷静、功能显而易见的特征。

同时，无印良品还强调整体设计的统一性，包括其中的颜色、形式、材质等都保证了完整性和统一性。它的产品素朴优雅，采用纯天然原生态材料，同时也注意使用可再生的环保材料，将传统的民族思想和民族文化融入其中，使得无印良品无论是风格还是产品都更加别出心裁。

商品开发的本质是，以真正必要的方式制造生活中基本的并真正需要的产品。因此，无印良品重新选择了原材料，改善了生产工艺，并简化了包装。此方针符合时代的审美观，简约优美的商品长久以来广受喜爱。

无印良品的产品包括美味又有利于健康的食品、穿着舒适且得体的服装，还有优先考虑使用性能的生活用品。为了研发日常生活中容易被忽视的基本用品而重新选择原材料。无印良品充分利用那些品质相差无几，但因外观不够美观而被舍弃的东西，比如工业用原材料。

无印良品对其产品的整个生产流程都进行了彻底仔细的查验，仅保留必要的生产工序并且省略了和产品本质无关的多余的加工流程（比如统一尺寸的分选和光泽加工）。因此那些原本由于规格外尺寸或形状不佳等原因而被丢弃的原材料也能制造成产品。这才是充分利用原材料，降低产品成本的讲究实际的产品制造。

无印良品注重产品原有的颜色及形状，不做渲染和过度包装。多采用统一包装并使用通用容器。在生产简约产品的同时，还可以节省资源，减少排放。店铺陈列的所有无印良品产品的简约包装上仅仅印刷着成分等基本信息，并贴有标签。

无印良品从不请代言人，"良品精神"就在为其代言。无印良品低调、内敛，连平面广告也未见"王婆卖瓜"式宣传字样，它宁愿多花点力气，找到让生活更便利、更有味道的方法。对此，创始人木内正夫解释道："到目前为止，我们没有进行过任何商业促销活动。我们在产品设计上吸取了顶尖设计师的想法以及前卫的概念，这就起到了优秀广告的作用。我们生产的食品和文具被不同的消费群体所接受，这也起到了宣传作用。无印良品最有效的促销是让产品促销产品，最有效的传播是消费者的口碑传播。"

3. 企业颜色

无印良品的标识（见图6-6）选择了低明度与低饱和度的红色与白色，在日本，红色象征着太阳，代表热情和爱情，是神秘且热烈的色彩，传导着质朴自然的设计理念。红色与白色并列搭配，显现的是醒目淳朴的视觉效果，热血激情、活力四射的心理感觉。

其产品的主色调则为白色、米色、蓝色或黑色，彰显出"素"的意境。

图6-6　无印良品的标识及产品

4. 海报

MUJI 最初的概念，"无 ≠ 0"，最早出现在第一代当家设计师田中一光为无印设计的海报之中。田中一光早期为无印良品设计了两幅海报，其一曰"爱无华饰"（见图6-7），其二曰"鲑鱼就是一整条"（见图6-8）。几个日文大字翻译成中文就是"便宜是有原因的"，表现了无印良品在日本市场物美价廉的品牌定位。背景里密密麻麻的小字则是当时所有商品的信息，包括材料、售价、产地等。它们按照无印良品"素材的选择""工序的检查"和"包装的简化"三个品牌理念进行分类和排列。"鲑鱼就是一整条"的海报，则用来介绍同年的全部食品类产品。该海报的设计正值全日本主张节约、鼓励消费的时期，于是追求物美价廉的无印良品就打出了鲑鱼全身都是宝的概念，强调使用非优选部位的鲑鱼肉一样能做

图6-7　爱无华饰　　图6-8　鲑鱼就是一整条

出美味的食品，价钱还能更便宜。

无印良品的广告处处透露出极简主义色彩的"虚无"和"空"的理念，几乎没有任何广告语或商品信息，可谓精简到极致。在无印良品最著名的地平线系列海报中，以地平线的形式打造出一个巨大的容器，地平线之上空无一物，但又蕴涵所有。从地平线出发，可以看到天地间所有的景象，人与地球的关系也得到了一个趋于极致的体现（见图6-9）。貌似空无一物的广告，却藏有容纳百川之势，激发了人们的想象空间，以体会人与自然和谐共生的状态，也传达出无印良品"无，亦所有"的生活哲学。

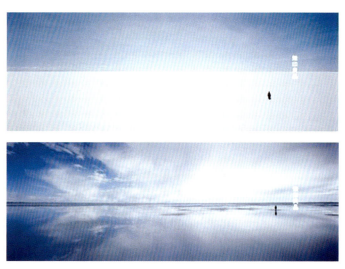

图6-9　"地平线"海报

2004年，无印良品推出一系列名为"家"的海报（见图6-10）。要怎样才能住得好呢？试着先发出这样基本的疑问吧，然后再自由构想自己居住的地方。无印良品提出几个有关居住的提案，其中一个就是"家"的思考方式。生活的空间并不是依建筑的形态而决定的，应该是累积日常生活后，逐渐形成的。

图6-10　"家"的海报

5. 零度包装

当今，由于产品的包装功能早已突破传统意义上的保护产品和方便运输，包装更多地体现出对商品的美化、宣传和促销作用。在市场上过度包装泛滥的背景下，无印良品反其道而行之，在包装设计上奉行零度包装，即在实现包装基本功能的前提下尽量精简设计（见图6-11），包装选材符合无污染、可循环再利用的要求。无印良品的产品包装采用的纸张一般都没有做漂白处理，既保留了纸张的原始色泽，又节省了漂白的费用，减少了对环境的污染。如无必要，无印良品倾向于采用透明包装、暴露式包装，将产品的内容直接展示给消费者，使消费者对产品产生亲近感。运输包装则均采用平板包装，不仅节省空间也降低了货损货差。最为主要的是，无印良品的这些做法大大节省了包装费用，降低了商品成本，减轻了消费者负担，因而受到那些精打细算的"新节俭主义"者的欢迎和推崇。

图6-11　无印良品的产品包装

三、"无印良品"的设计策略

1. 概念上的"以空对有"

日本著名学者梅远猛在《共生和循环的哲学》一书中曾经提到："如果想了解一个国家的文化，就必须了解该国的宗教意涵"，由此看出宗教与文化之间的关系是十分紧密的。"无印良品"作为日本设计中"禅的美学"的代表，作品中富有禅意和禅趣，体现了日本禅宗思想的深刻含义。

在2002年之后，原研哉出任"无印良品"的艺术指导。他建议将"简洁"的品牌概念进化为"简"与"空"，二者都代表着禅宗思想对于美的追求。"无印良品"简约的品牌视觉形象设计和之后所呈现的"空"的意象都是将禅宗哲学的物象化进行转变，这使其品牌形象得到了很大的提升，它的设计也随之成为日本"禅宗美学"的代表。

2. "这样就好"的设计观

无印良品的概念是田中一光先生在1980年以"最适合的形态展现产品本质"为指导思想提出来的。据调查发现，消费者内心所想的就是商品是如何被生产出来的，以及被印刷在外包装上关于商品的信息的真实性等。无印良品结合日本传统文化并加以创意、简化而产生出来的"素"，让人们痴迷，并给消费者留有空间，让消费者可以根据自己的习惯选择商品（见图6-12）。

图 6-12　无印良品的产品

3. 无品牌战略

这种不重视品牌却像知名品牌一样的特殊现象,只有无印良品才会显现出来,以至于在日本出现了这样一种现象:消费者一看到没有商标的商品,就会想到这可能就是无印良品。无印良品已经成功地实现了品牌差异的最大化,达到了无品牌胜过有品牌的效果。

4. 无印良品的色彩哲学

虽然"无印良品"是日本的品牌,但是其很多中心思想是从中国古典美学思想得到启发后产生的,重视"虚""无""空"(见图 6-13)。

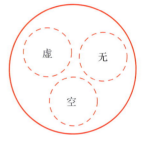

图 6-13　色彩观点

老子的色彩观是:知白守黑,见素抱朴,少私寡欲,绝学无忧。老子追求简单而不繁杂,追求一个"静"字,所谓"大音希声,大象无形",因此黑白两色成为其必然的选择。无印良品的设计色彩(见图 6-14)与老子的"虚空"有着极其类似之处:不采用华丽的色彩,只用简约的黑、白、灰色,或者木材的天然颜色。无论当年流行色是什么,都不会开发新色彩的产品。可以说,无印良品在一定程度上吸收了很多中国古代美学思想。

图 6-14　无印良品设计色彩

四、"无印良品"的商品剖析

1. 概述

无印良品的商品设计要诀——"空",衍生出无印良品的四大设计哲学:背景化、去色、去特效、重整造型。让精神重于一切,低调、无印无痕地在你心中贩卖一种生活概念和生活方式。所谓背景化就是让商品成为消费者的背景,让商品回归其功能的本质。而去色就是接近于无色的淡色系，是背景化过程的重要因素之一。去特效则是锁定商品的主要功能，去除与功能无关的特效。重整造型是经由背景化、无色、去特效后，无印良品商品开发的最后阶段。

2. 商品浅析

简单并不等于无要求，朴素也可以很优雅（见图6-15）。如果是食品，就必须美味。如果是日用品，就要坚持以能改善生活为原则。无印良品，相比产品的规格和外观，更注重产品的实质性。

图6-15　简单的商品设计

它的产品遵循简单耐用的原则，包装上采用环保的无漂白淡褐色纸张，与当下过分讲究包装的产品外观形成了强烈对比。无印良品的服装和床上用品均采用棉、麻、毛以及丝等天然材料制成；家用器具，无论是木质的、金属的还是纸制的，都保持本色。无印良品又在"朴实无华"的基础上拓展出了"自然"的概念（见图6-16），即用素材本身的优良性来制作各种产品，以天然的颜色、不经漂染的程序，制作出了本色系列的"自然色系"。

图6-16　"自然"的概念设计

五、启迪

无印良品的品牌塑造与设计管理对我国品牌的发展具有借鉴意义。

首先,无印良品诞生之时,创始人迅速透彻地理解了世界大势并正确预测到 30 年后的变化。其次,一流设计师介入并处于主导地位,从核心的商品研发开始,到阐述无印良品理念的视觉传达设计,最后到潜移默化让顾客充分体验无印良品理念的环境设计与陈列,无印良品对品牌的塑造是全方位的。再次,在产品研发阶段,无印良品高度重视消费者的需求,更重视产品是否能足够展现无印良品的生活哲学与品牌形象。最后,无印良品研究将消费者的个性化需求导入产品设计和商品生产的职责,使得无印良品的生活哲学影响到消费者,而消费者本身的生活意识和需求又反过来与无印良品相互作用,相互促进。

就设计管理而言,设计管理作为企业管理战略中的核心动力源之一,正在为更多的企业经营者所重视,在企业经营中的作用也随着其范围逐渐扩大而愈发重要。好的设计管理能够积极有效地调动设计师的创造性思维,把市场动向与消费者需求转换为新的产品,以更合理、更科学的方式影响和改变人们的生活,同时为企业创造高的经济价值。我国企业应当重视设计管理,让设计管理为企业发展注入发展动力,通过创新动力和可持续发展理论及技术支撑,推动企业健康发展。只有实施有效的设计管理战略,才能增强企业的竞争力,在竞争中取得优势。

第 7 章

六百岁故宫的网红之路

优秀设计作品的产生，不只是一项设计工作，它涉及方方面面。在这个过程中，需要对产品进行合理化、统一化设计，充分使用资源，各个方面相互交织的关系是十分复杂的。因此，需要建立起一套系统的设计方案，使产品得以更好的推广。近年来，随着人们生活水平和文化内涵的不断提升，文创产业逐渐走进大众视线。博物馆也转变了发展方向，从以物为中心转变为以人为中心。

一、最强 IP 成长记——这么有背景还这么努力

提起故宫，大家脑海中浮现的词语就是"庄严""宏伟"等的词汇。但这些文化遗产，过去和游客存在着不小的距离。"故宫馆舍宏大，但 70% 的区域都立着一个牌子——非开放区域，观众止步；故宫藏品多，但 99% 的藏品沉睡在库房里；故宫观众多，但 80% 的观众进去后目不斜视地往前走，先去看皇帝坐在哪，再去看皇帝躺在哪，看皇帝在哪结婚，最后穿过御花园走出去了，根本没把故宫当成博物馆，只是到此游玩。"随着时代的发展，博物馆逐渐向以人为中心的理念转变。人们能从游览故宫的过程中获得什么？文化机构能给人们奉献什么？为此故宫自身也做出了改变，对室内环境、室外环境进行了大整治。拆除了大量临时建筑，全面采用电子购票，不断修缮古建筑并扩大开放面积。为了拉近和普通游客的距离，故宫近年推出了众多独有的文化创意产品。除此之外，如何深入挖掘其文化内涵，将文化进行"创造"和"再提炼"，从而开发出让消费者喜闻乐见的文化产品，将文化传承下去，不仅是摆在博物馆文化资源开发面前的课题，更是我国众多传统文化资源开发所面临的重要命题。2014 年，故宫文创以一种既有情怀又接地气的方式闯入大众视野（见图 7-1），在文化传承、产品设计、推广方式上都带给大家许多惊喜。2015 年，"IP"成为强有力的竞争标签，

故宫文创创下了 10 亿元销售额的奇迹，并依靠其开放的态度赢得好评，而这奇迹的背后都与其设计管理有着重要联系。

图 7-1　故宫淘宝宣传设计

二、故宫文化创意产品的前世今生

早在 2014 年，故宫就已经开始对文创产品进行设计开发。但是问题层出不穷，当时的市场定位是针对 35～50 岁的消费者进行产品开发，产品多是一些具有分量感的丝绸、陶瓷等文化藏品，还有一些纸笔、T 恤等物品以及系列玩偶。因为创意性和实用性有所欠缺，此阶段公众对其关注普遍不够。一直到 2014 年故宫进行改革，启动"自主研发 + 社会优秀企业合作"的模式进行文创产品研发，推出了大量增加故宫文化内涵与时代特点兼具、功能性和趣味性兼备的文创产品。故宫微博在页面设计、文辞用语等方面迎合了现代年轻人的审美。至此从中规中矩的产品介绍转变为"萌萌哒"的网红，引发大量在线用户的关注。2014 年，《感觉自己萌萌哒》的雍正行乐动图上线，第一周点击量就超过 100 万。2015 年，故宫模型文创手机壳一经上线，1 小时内即售出 1500 余个。截至 2015 年 12 月，故宫共研发文创产品 8683 件，全年达到 10 亿元销售额。

这个数据在文创领域可以说是一个奇迹。故宫文创的成功主要归功于其设计战略管理。在线上，故宫文创将自己的售卖渠道分为三个。"故宫商城"主要售卖"雅化"系列的传统旅游商品，如印刷有故宫文化元素的明信片、吉祥物、笔记本等纪念品。"故宫淘宝"（见图 7-2）售卖文化创意商品，目前以"萌化"系列的文创产品为主，如"冷宫"冰箱贴、容嬷嬷针线盒。"故宫文创旗舰店"主要售卖文创精品、出版物、票务业务，与大众熟悉的故宫淘宝店互为补充。将紫禁城文化和生活美学融入当代生活，比故宫淘宝更强调文化艺术底蕴。

图 7-2 故宫文创不同线上店铺

2014年，故宫文创对其自身进行了系统化的管理，不仅在各种文创产品销量上取得了突破，更使这个品牌形象受到大众青睐。

首先，在目标人群定位方面，将普通消费者定为主力客户，以平易近人的售价吸引消费者。在经历过早期文创销售尝试之后，故宫文创开发团队发现市场主力是普通消费者，因此中低售价的文创产品市场广阔。产品实用且融入故宫文化，可引发大量普通消费者的关注和购买。故宫博物院文创产品目前划分为生活用品、文具、箱包、家具等多个类别，基本满足了普通人的日常生活、礼品收藏所需。从日常用品，到中高档消费品乃至国礼级商品，消费者都可在网上购买。故宫文创把产品分为"萌化"和"雅化"两个系列，进行不同风格的设计，以满足不同消费者的需求。"萌化"系列主要以活泼、可爱的文创产品为主，如朝珠耳机、印有"朕就是这样汉子"字样的折扇等。"雅化"系列主要售卖具有故宫文化元素的明信片、纪念品等，如千里江山金属书签、千里江山图银卷。两者有所区别却又都较好地结合了故宫文化特色，并且符合当下的审美、生活需要，旨在将紫禁城文化和生活美学融入当代生活。

其次，故宫文创产品的开发有着丰富的设计模式。故宫文创产品的设计主要通过创意引申、寓意导入、主题系列化、元素提炼、文物高仿、新技术还原等几种方式展开。创意引申是指提炼故宫文化特质，引申到具有相同特质的生活用品当中。最经典的引申就是在故宫淘宝上出售的"冷宫冰箱贴"和"容嬷嬷针线盒"。"冷宫冰箱贴"的灵感源于微博粉丝的小创意，故宫文创团队采纳后设计出树脂材质的印有"冷宫"二字的立体冰箱贴（见图7-3）。寓意导入是指将故宫乃至中国历史文化中寄托美好祝福的话语或图案，导入日常生活用品中。如寓意为"和合同福"的情人节手绳，冬日售卖的寓意"锦绣延福"的长丝巾以及寓意"万福万寿"的万字纹食器等。寓意美好祝愿的文创产品非常适合家庭收藏或作为节庆礼品。主题系列化是指利用同一种主题的故宫博物院文化，开发多种不同种类的文创

图 7-3 "冷宫"冰箱贴（左）和大内咪探（右）

产品。"故宫猫"主题灵感来源于多年来与故宫一直融洽相处的 20 多只"猫保安",设计师们通过对故宫猫的历史渊源、文化寓意和背后故事进行研究,为其设计了"大内咪探"IP 形象(见图 7-3),并借此形象打造了书包、橡皮、手表、手机壳等一系列多元化的文创产品。2016 年年底,"故宫猫"系列文创产品获得了中国旅游商品大赛金奖。

图 7-4　故宫 VR 体验馆

故宫文创产品设计团队注重设计与高科技结合,曾推出"V 故宫"系列项目,试图利用科技打造一个没有围墙的故宫。早在 2003 年,故宫文化资产数字研究所就推出过 VR(虚拟现实)作品《紫禁城·天子的宫殿》,观众可全方位多角度地欣赏太和殿。后来故宫又于 2016 年开启"V 故宫"项目,集合故宫古建筑、文物三维数据等资源,为公众提供更多交互浏览体验(见图 7-4)。除 VR 外,故宫还积极探索"AR(增强现实)+文创"的形式,连续两年推出 AR 月历《宫廷佳致》和《天然童趣》。用户下载 App 后扫描月历上的图片即可呈现 AR 动画视频,人工讲解和音效配乐等都让厚重的历史文化更加鲜活。

在社群营销方面的管理,故宫文创也是成功的典范。在社交媒体的助推下,微博端可以第一时间了解消费者想要的产品,也会在推出产品的第一时间向用户进行推送。在与用户的互动中,故宫文创产品对用户产生了更深度的影响。同时结合热点话题,为产品的推广发展打下市场基础。结合自身的文化内涵,再通过文创的加持,使故宫这个品牌形象深入人心。故宫很早就开通了微博和微信公众服务号。"微故宫"也于 2014 年上线。在社交媒体的助推下,故宫逐渐摘下了神秘面纱,每个人都可以很方便地了解故宫的趣闻轶事。微博端以文艺形式向用户不断输送美图、新知识。微信端则以故事为主,将那些古老的故事"转译"成趣图+可读性强的文本。故宫淘宝微博定期与用户进行互动;微信公众号作为渠道补充,利用朋友圈进行文化交流和宣传;同时利用手机 App 平台实现创新式的故宫文化深度传播。例如,故宫微博曾发布"朕有一个好爸爸"热点话题的花样产品推广文,吸引了大量用户,为故宫文创产品迅速打开市场。同时,故宫也常举办线下活动进行推广,与线上相呼应。故宫"朕的心意"快闪店、皇帝爬梯偷溜出宫的海报、"总有爱卿想扫朕的微信"(见图 7-5)的标语让一个"年轻新潮"的皇帝形象鲜活了起来。

为实现深度的形象传播,打破大众对博物馆原有的偏见,2011 年,故宫便与央视合作制作《故宫 100》百集纪录片,每集短短 6 分钟,讲述一座建筑的前世今生,短小的篇幅适配当下人们碎片化的观看时间。此外还有纪录片《我在故宫修文物》(见图 7-6)。不同于以往的宏大叙事,以一种平等视角来展现文物修复师的普通生活,就是在这种日常的语境中,文物变得不再冰冷,而是以一种平常的形式展现给世人。在 2017 年底,故宫还联合其他八个博物馆一起做了一档综艺节目《国家宝藏》(见图 7-7),明星"国宝守护人"通过表演来讲述国宝故事,引发了观众热议,不但塑造了"农家乐审美"的乾隆形象,也成功获得了年轻人的认同。

图 7-5 故宫线下体验快闪店

图 7-6 故宫系列宣传 1

图 7-7 故宫系列宣传 2

三、故宫文创产品设计——过时是不可能的

故宫淘宝店是故宫文化服务中心文创产品的线上商店，受到的关注度颇高，如今已拥有数百万用户关注。产品一经推出，往往会掀起一股热潮。好玩、有趣、接地气、高雅，这是用户对故宫文创最多的评价。做一款热销品不难，但持续不断地推出热销品，对任何一家机构来说都不容易。故宫文创团队的工作人员坦言，目前故宫累计已经推出了超过 9000 件文创产品，接下来的工作重点是从数量的增长到质量的提升。从朝珠耳机到各色纸胶带，再到冰箱贴、御批折扇，故宫文创的"精品"着实不少。"强大的产品创新力"是文创产品成功的基础。

目前担任故宫文创产品设计的主力设计人员多是"90后"，他们有极其丰富的想象力和创

图 7-8 "朕就是这样汉子"折扇

造力。管理者给予这群年轻设计师充分的想象空间。同时，群众的力量是不可忽视的，很多产品的初期设想，都源自群众的创意。比如热销产品朝珠耳机，朝珠在清代是彰显身份地位的标志之一，平民百姓是不允许佩戴的。把朝珠这种具有皇家仪态的东西穿越至现代，与耳机合体，这种新颖创意让人眼前一亮。耳机和朝珠"合体"，用仿蜜蜡材质制作，让人体验了一把皇家仪态。"朕就是这样汉子"折扇（见图 7-8），题字源自雍正亲笔批阅的田文镜折，另一面印有"就是这样秉性，就是这样皇帝，尔等大臣若不负朕，朕再不负尔等也，勉之。"把这样的文字和扇子相结合，趣味十足。

故宫的纸胶带系列，提取了故宫元素，重新设计制成纸胶带。常会有限量款推出，也会根据季节、策展活动推出主题系列。许多胶带售完就不再生产相同款式，这种限量的生产使产品产生了一定的收藏价值，且产品的不断更新可以使消费者保持对故宫文创的期待。

上面提到的这些都属于故宫文创的"萌化"系列，此外，故宫也有许多"雅化"系列的产品。"萌化"产品多以呆萌和可爱为主，迎合年轻群体；"雅化"产品则多以典雅和别致为主，以迎合传统文化爱好者。比如，同样一款胶带，"萌化"产品是上文的"朕知道了"，"雅化"产品则迥然不同。比如"千里江山"金属书签，提取了千里江山图中的元素，山石肌理脉络、明暗变化，以及画面中披麻皴与斧披皴的表现手法，用激光雕刻的精细工艺来体现。这一系列的产品更加雅致，更得传统文化爱好者的喜爱。

焕彩清音抱枕，以太和殿藻井结构和花鸟图元素为蓝本，重新创意组合而成。选取太和殿的藻井结构，将其简化，花鸟穿插其中。不同于之前整体复制的风格，故宫文创的设计更加细节化，更注重对故宫文化的整体提炼。

千里江山图银画卷，以千里江山图为蓝本，采用现代科技高清彩银工艺，重新焕发出其鲜明的色彩。这个画卷作为在《国家宝藏》节目播出期间同时售卖的文创产品，不仅体现了故宫雄伟厚重的一面，也较好地传达了中华历史文化，满足了大家的好奇心，且具有一定的收藏价值。

四、文创的未来之路——文创产品和博物馆互相推进

故宫文创产品一年创下了十亿元销售额的奇迹，那么这十亿元去向何处？其实故宫文创的收入大都用来投向了教育（见图 7-9）。故宫经常举办文化活动，融入几十个学校、几十个社区。故宫知识讲堂总是满座，孩子们在这里可以免费串朝珠、绘龙袍、画盘子、做皇帝皇后的新衣。孩子们空手而来，满载而归。

如今国际博物馆界在对博物馆的职能次序理念上，已经从藏品保管第一，研究第二，宣传第三，转变为将教育放在第一位。教育是要走进人们生活的，所以包括数字技术展示、藏品的创意展示应用等，都是教育的组成部分。故宫负责人表示，"我们对文物藏品进行研究的时候，有责任把其中丰富的文化内涵告诉社会公众，这是博物馆人的良心，是必须要做的事情"。做好文创的意义更是为了改变很多人对于博物馆守旧的偏见，打破博物馆在中国只有老人小孩或者旅游团体才光顾的印象，将中国的文化历史真正普及给民众。可以说博物馆的文创产品质量的提高，有助于博物馆的推广。

图7-9　故宫博物院举办教育活动

故宫文创产品的成功并不是偶然的。以公众需求为导向，以文化创意为核心，以科学技术为手段，以及追求工匠精神这四个原因使文创产品的成功成为必然。纵观整个文创行业，大多数文创产品只能具备其一二，甚至还有不少文创企业打着文创的旗号，做着毫无文化创意的简单复制品。所以，研发文创产品必须对传统文化进行深层次再造，创造性地融入时尚与创意，这样才能拓宽文化创意产业的发展大道，让传统文化的河流绵延不绝。

最后，专业性是立足的根本，公众性是吸引用户的关键，如何做好两者的平衡，既不过度娱乐化，也不忽视用户需求，是一个长久命题。"历史的厚重，故宫是最好的凝结。"故宫产品成功的部分原因或许可以用符号消费理论来解释：消费者在消费产品本身外，还消费产品中符号所代表的意义和内涵。人们对传统文化的回归，对传统审美的回归都让故宫这个品牌形象重新焕发生机。

第 8 章
双立人

一、企业简史

双立人（ZWILLING），1731年诞生于德国刀剑之城索林根，其商标是世界上现存最古老的商标之一（见图8-1）。不断创新和超越自我是双立人永葆活力的秘诀，全球六大锅具刀具研发中心见证了双立人对品质精益求精的追求。目前双立人已将比利时皇家不锈钢锅具厂DEMEYERE、法国STAUB（珐宝）、意大利BALLARINI（巴拉利尼）纳入旗下。德国ZWILLING双立人不锈钢刀具、不锈钢锅具，法国STAUB（珐宝珐琅）铸铁锅，意大利BALLARINI（巴拉利尼）环保不粘锅，组成双立人摩登厨房四件宝，可满足专业厨师与美食爱好者的各种烹饪需求。双立人拥有超过2000种不锈钢刀剪餐具、锅具、厨房炊具和个人护理用品，创建了当代摩登厨房理念，让烹饪成为一种享受，带给人们看得见的完美品质和生活情趣（见图8-2）。

图8-1 双立人商标诞生时间轴

双立人用优质的钢材，加之艺术之国的工艺设计和日耳曼民族特有的严谨与精湛手工技艺，以及先进的制刀和锅底技术，最终成了刀具、锅具等厨具的高品质象征。

图 8-2 双立人产品图

双立人大事记

1731 年,"双立人"标志在德国索林根的一间教堂诞生。

1818 年,双立人专卖店在德国柏林开张。

1855 年,双立人在巴黎世界博览会上荣获金奖。

1867 年,双立人成立了自己的钢材铸造车间,由专家研究制造刀具所需要的钢材。

1883 年,双立人在美国纽约开设了首家专卖店,其后科隆、维也纳、汉堡及慕尼黑等城市的专卖店也相继开张。

1893 年,在芝加哥世界博览会上,双立人取得了展会上唯一的荣誉奖章。

1895 年,"亨克斯"商标在德国注册成功。

1897 年,双立人专卖店在丹麦和荷兰开张。

1909 年,双立人美国分公司成立。如今,美国是双立人全球最大市场。

1915 年,在旧金山世界博览会上,双立人独揽 4 项大奖。

1927 年,双立人巴黎专卖店开业。

1939 年,双立人独有的刀面处理技术冰锻技术研发成功。

1956—1973 年,双立人相继在加拿大、荷兰、丹麦、瑞士和日本等国家成立了分公司。

1976 年,由双立人公司与欧洲星级厨师共同开发研制的四星系列刀具隆重上市。

1991 年,双立人西班牙分公司成立。

1995 年，上海双立人亨克斯有限公司成立。同年，双立人成功收购 M.H.WILKEN&SOEHNE 专业餐具生产工厂。

2002 年，集观赏性和功能性为一体的双立人 TWIN Select 厨房炊具系列上市。

2003 年，双立人法国分公司成立。第一款专为亚洲人设计开发的 TWIN Pollux 刀具系列在中国诞生。

2004 年，双立人意大利分公司成立。双立人成功收购日本 NIPPA 刀具公司。同年，双立人成功收购美国个人护理品牌 TWEEZERMAN。

2005 年，双立人全球首家旗舰店在法国巴黎开张。

2007 年，双立人成功收购索林根理发剪生产商 TONDEO。

2008 年，双立人 TWIN 1731 刀具系列成功上市。

2008 年，双立人成功收购比利时锅具品牌 DEMEYERE。双立人成功收购法国锅具品牌 STAUB。

2011 年，双立人诞生 280 周年。

2013 年，双立人中国签约厨房合伙人——黄晓明。

2015 年，双立人成功收购意大利锅具品牌 BALLARINI。

二、经典产品

"好的设计意味着企业的成功"，这句话充分反映了越来越多的人已经认识到设计在企业中的重要作用。尤其是大企业在技术、生产、市场、服务、广告和金融策略等方面都追求更高的标准，市场竞争愈加激烈，所以设计的重要性便更能凸现出来。

设计在企业中发挥着至关重要的作用，它存在于产品研发以及企业活动的整个过程。企业的任务是生产产品以满足广大用户的需求，没有好的设计，就不可能出现好的作品。所以设计的成败极大地影响着企业的命运，也决定着一个国家和社会的发展。产品的设计与企业的发展息息相关，相辅相成。产品是企业的生命，是社会经济的主要来源，所以企业的发展首先是产品设计的成功。一个企业面临激烈的市场竞争，必须建立起新的产品设计体系，从而不断开发具有价值的产品。

双立人的产品有很多，拥有多个系列，可供不同的消费者挑选到适合他们的厨房用具（见图 8-3）。

图 8-3 双立人产品图

1. 入门级：POINT 系列，STYLE 系列

POINT 系列（见图 8-4），也就是国人所熟知的"红点"系列，是目前销量最大的产品系列，刀型多，款式尺寸多，刀身薄，刀尾入刀柄一半左右，尽量避免横拍以防刀颈处断裂。其优势在于刀片经过冰锻深冷处理，硬度达到 57，刀片薄而弹性相对更大，刀柄握持舒适防滑，另外其售价低廉，所以用户最为广泛。

图 8-4 POINT 系列

STYLE 系列（见图 8-5），同属入门系列，STYLE 系列在刀柄上做了改进。STYLE 系列的刀柄做了人体工学设计，握持更加舒适，刀柄上缘末端变成了角度更大的平面。相比 POINT 系列相对较窄的刀柄上缘，STYLE 系列在向下用力的时候其更宽的刀柄带来的握持舒适度更好（见图 8-6）。

图 8-5 STYLE 系列

图 8-6 刀柄

2. 初级：POLLUX 系列，CHEF 系列

POLLUX 系列（见图 8-7），在双立人整个系列里算比较初级的系列，但比起入门刀具的一个很大的变化，就是刀身与刀柄贯通。也就是说，从刀尖到刀柄末端中间是一体化金属，这使得刀具一下子坚固了很多。Pollux 系列的刀片比起入门级要厚一些，质量也要重一些，平衡性也有所提升。POLLUX 系列的形状并不是典型的德系风格而更偏向日系的牛刀风格。

图 8-7　POLLUX 系列

CHEF 系列（见图 8-8），CHEF 在德语里是"老板"的意思。CHEF 系列相比 POLLUX 系列刀片要厚些，刀柄也更粗些，同时具有指撑。

3. 中级：五星系列，PURE 系列

五星（FIVE STAR）系列如图 8-9 所示。很多人以为五星比四星好，其实不然，四星为当代双立人最古老，也是最受欢迎的刀具系列，当年一经推出便取得了巨大成功。双立人为了延续成功，随后推出五星系列，五星系列更换了人体工程刀柄。然而也带来了新问题，这个粗而圆的手柄，单纯拿着感觉很舒服，在切瓜果蔬菜时能做到长时间使用不疲倦。然而当它碰上厚一点、硬一点、有一点韧性的食物时，如一大块厚厚的五花肉，因其刀柄相对较小，手柄上缘就会硌手。从这一系列开始，双立人刀具都采用了一体成型设计，即刀身和刀尾采用一整块金属锻造而成。

图 8-8　CHEF 系列

图 8-9　五星系列

PURE 系列如图 8-10 所示。PURE 系列的售价要高于五星系列，大概因为它是贵族 1731 系列的远亲，所以外观与 1731 系列非常相似，区别在于材质以及支撑的形状。PURE 系列的外观非常低调，但手感是几个系列里最优的。

图 8-10　PURE 系列

4. 高级：MIYABI 系列，CERMAX 系列

MIYABI 系列（见图 8-11），也就是用户熟悉的"雅"。这个系列应该算是独立品牌，下属还有很多系列。

CERMAX 系列（见图 8-12），为当前双立人刀具系列中最硬的，材质为三层夹钢。

5. 顶级：1731 系列

1731 系列（见图 8-13），为目前双立人售价最高的刀具系列。刀身一体成型，使用全 CRONIDUR 30 材质，采用乌木刀柄，超强防锈，其较高的硬度又能提供很好的切割能力和保持性，手感非常舒服。1731 系列外观悦目，屡获设计大奖。

图 8-11　MIYABI 系列

图 8-12　CERMAX 系列

图 8-13　1731 系列

双立人 1731 系列刀具，采用传统木质材料与现代金属材质结合。其优美的木纹，优良的钢材，优秀的工业设计，表达出日耳曼民族特有的严谨。现代设计与历史传统的完美结合，让烹饪成为一种享受，带给人们看得见的完美品质和生活情趣。

6. 双立人部分不锈钢锅

（1）TWIN AIRTECH，产地瑞士或德国，压力锅系列。

（2）TWIN IVI，采用 SIGMABOND 专利锅底压制技术，采用塑料防烫把手，锅盖采用不锈钢或钢化玻璃。

（3）TWIN SELECT，采用 SIGMABOND 专利锅底压制技术，金属把手，全系列为不锈钢锅盖。

（4）TWIN GOURMENT，采用 SIGMABOND 专利锅底压制技术，金属把手，全系列为不锈钢锅盖，锅盖采用弧形加大容量设计。

（5）TWIN LIVING，采用 SIGMABOND 专利锅底压制技术，金属把手，全系列为钢化玻璃锅盖。

（6）TWIN NOVA，采用 SIGMACLASSIC 锅底压制技术，金属把手，全系列为钢化玻璃锅盖。锅的质量小，锅底锅壁的厚度薄。

（7）TWIN OLYMP 采用众多新技术，是目前高端的系列，采用铜银锅底、锅盖气阀、陶瓷防烫把手。

三、产品设计策略

Matteo Thun 作为"孟菲斯"学派的代表人物，被誉为世界三大工业设计师之一，在他的设计中，你总能发现美感、经济性与可持续性的平衡。自 2006 年起，Matteo 就开始了与双立人的合作，设计刀具锅具等。

1. 营销模式

290 年过去了，双立人在全球 180 多个国家销售，其产品质量在很多国家处于领先地位，双立人标志也成为高品质生活方式及生活文化的代名词。

双立人品牌成功的背后是对品质锲而不舍的追求。对于每一把刀具，从刀体到刀柄都追求尽善尽美。为奉献优质的刀具，仅制造工序就多达 40 道，而且始终保持刀刃持久锋利与人体工程学的完美结合。双立人从未停止过研究钢材加工的最佳方式，经过多年的不懈探索，最终研制出了一种专利名为"FRIODYR"的特殊冷锻加工工艺，可最大程度地发挥材料特性。双立人承诺，终身只磨两次刀，可见对其钢材品质的自信。

2. 恒久的价值定位

在德国，人们会留意到双立人借助一切媒介，积极、广泛地传播双立人品牌。在德国主要的公共场所，随处可见双立人以厨房或者产品功能作为背景的传播形象。产品的独特个性和品质凸显，为公众留下了非常深刻的印象。双立人试图告诉顾客的是，厨房充满了时尚，充满了艺术，是年轻人的天地，拥有了双立人的厨房，充满了乐趣和活力。

专注于品牌内在的价值一直是双立人能够将品牌深植于消费者内心的关键因素，而不是简单地追逐时尚或流行。正是持之以恒的品牌传播策略塑造了以产品品质为根本的双立人品牌。

3. 贴心的用户体验

产品销售仅仅是产品体验和价值实现的开始，而不是终止，只有用户满意、良好的体验实现才是品牌得以建立而且健康传播的本质。

双立人每销售一件产品，都会对用户的信息进行详细登记，有时会电话预约去拜访顾客，为了扩大上门演示的影响力，促销人员会选择在主人家里来客人或者朋友聚会的时候上门。这样可以培养潜在的购买者，把顾客的厨房变成双立人的第二战场，不得不说双立人品牌的经营智慧高明之至。

将销售转变成实实在在的快乐生活，而且推销人员从一个策划者、实施者变为活动的服务者和美食的烹饪者，将枯燥的产品销售变为美食体验，这样的创意实在是独树一帜。

四、双立人餐厅趣闻

双立人首家中国餐厅 The Twins 在上海兴业太古汇全新开业，在这里顾客可以尽情地拥抱地中海风情美馔，补足用户对"摩登厨房"的绮丽想象。ZWILLING 在德语中的含义为 Twin（双胞胎）。The Twins 餐厅由双立人及德国主厨 Cornelia 合作完成（见图 8-14）。

The Twins 餐厅由双立人及 Cornelia 联合管理，这间风格中西融合的餐厅位于上海兴业太古汇双立人之家全球旗舰店 2 楼，由米兰设计师 MATTEO THUN 与 ANTONIO RODRIGUEZ 共同设计。午市侧重

图 8-14　The Twins 餐厅

商务套餐，晚间则可深度体验各类美食。餐厅中还设有双立人美食学院（ZWILLING Gourmet School），用于分享"社交厨房"的文化生活。

1. 生鲜吧

如果要用一个词来形容对 The Twins 的第一印象，那一定是"活色生香"（见图 8-15）。新鲜的龙虾、珍贵的鱼子酱，以及伊比利亚黑猪火腿等来自世界各地的食材，在生鲜吧迎接着每位顾客，犹如一出食材协奏小品，风味绝佳。特别值得一提的是双立人从德国科隆空运而来的 GAFFEL 精酿扎啤，是有 600 年历史的德式啤酒。

图 8-15　The Twins 餐厅中的食物

2. 分享式休闲餐厅

热情欢快的地中海文化，其精髓在于分享。在 The Twins 餐厅狭长而具有"景深感"的空间内，由古董木材制成的超长餐桌，铺陈出欢聚的氛围。座位间的雅致植物和盆栽香草充当着天然隔断，让人融于环境之中，而又不失私密度。餐品则从另一维度诠释着地中海风情，创意菜肴如"素鱼子酱""甜菜根马卡龙"等加入了主厨的巧思，口感与外观相得益彰。

3. 美食学院

作为餐厅内的独立区域，双立人美食学院代表着"摩登厨房"体验的延伸，设有"午间厨趣"和"厨房欢乐颂"等课程，同时欢迎团队互动活动与小派对包场，让顾客用做一顿饭代替吃一顿饭，以厨会友，感受烹饪之趣（见图 8-16）。

图 8-16　美食学院

第9章 丰田的企业设计战略及设计趋势

一、丰田公司的发展概况

丰田汽车公司的前身是1918年1月丰田佐吉在东京创办的丰田自动织布机制社。1926年，丰田佐吉又在东京创办了丰田东京自动纺织公司，1933年9月，丰田佐吉的儿子——丰田汽车公司的创始人丰田喜一郎（见图9-1）在公司内设置了汽车工业部，从而开始了丰田汽车公司制造汽车的历史。丰田公司在1936年开始生产AA型轿车，同年5月KARIYA装配工厂开始运转，同年6月，设立SHBAURA实验室。1937年8月，丰田汽车公司正式成立。

图9-1 丰田佐吉（左）与丰田喜一郎（右）

丰田汽车部的创立拉开了丰田汽车生产序幕，启动资金正是出让 G 型丰田纺织机专利使用权所获得的 10 万英镑。1935 年 8 月，丰田第一辆汽车"丰田 G1"正式诞生。

自此，日本汽车正式进入丰田时代。丰田佐吉去世后，由于丰田喜一郎与时任公司总裁使利三郎在业务布局上的不同理念，导致他们之间的分歧越来越大。1937 年，丰田喜一郎自立门户，于日本爱知县成立"丰田汽车工业株式会社"，拥有员工 300 多人。同年，将公司名称由"TOYODA"改为"TOYOTA"。在整个 20 世纪 30 年代和 40 年代，丰田公司发展缓慢，到了第二次世界大战之后，丰田汽车公司才加快了发展步伐。丰田通过引进欧美技术，在美国的汽车技术专家和管理专家的指导下，很快掌握了先进的汽车生产和管理技术，并根据日本民族的特点，创造了著名的丰田生产管理模式，且不断加以完善提高，大大提高了生产效率。汽车产品在 20 世纪 60 年代末大量涌入北美市场。到 1972 年，丰田汽车公司累计生产汽车 1000 万辆。

20 世纪 70 年代是丰田汽车公司飞速发展的黄金期，从 1972 年到 1976 年仅四年时间，年产汽车达到 200 多万辆。进入 20 世纪 80 年代，丰田汽车公司的产销量仍然直线上升，到 90 年代初，年产汽车已经超过了 400 万辆，击败福特汽车公司，汽车产量名列世界第二。丰田汽车公司在 20 世纪 80 年代之后，开始了全面走向世界的国际战略。丰田先后在美国、英国以及东南亚、南非等多个地区建立独资或合资企业，并将汽车研究发展中心建在当地，实施当地研发设计生产的国际化战略。丰田发展中的关键节点如表 9-1 所示。

表 9-1 丰田发展中的关键节点

时　　间	事　　件
1924 年	丰田佐吉发明在不停止机器的状态下可自动换梭的 G 型自动纺织机
1930 年	丰田喜一郎开始研究开发小型汽油发动机
1933 年	设立汽车部
1936 年	丰田 AA 型轿车问世
1937 年	丰田汽车工业公司诞生
1938 年	举母工厂（现在的总公司工厂）建成投产
1957 年	首次向美国出口丰田轿车 CROWN
1966 年	COROLLA 问世；开始与日野汽车工业公司进行业务合作
1967 年	开始与大发工业公司进行业务合作
1972 年	日本国内累计汽车产量达到 1000 万辆
1982 年	丰田汽车工业公司与丰田汽车销售公司合并为丰田汽车公司
1999 年	在纽约和伦敦证券市场分别上市
2004 年	日本国内累计汽车产量达到 1 亿辆
2009 年	丰田混合动力车型累计销售超过 200 万台

1964 年，丰田进入中国市场，首次向中国出口丰田 CROWN（皇冠）轿车，从此丰田开始了在中国的发展历程。此后到 1980 年的 16 年间，丰田代表团在中国展开了多次考察。1980 年 7 月，丰田在北京成立首家丰田汽车维修服务中心（TASS），成为外国汽车公司在中国开设的首家售后服务中心，丰田提供汽车保养、维护的先进设备和各种性能的测试仪器、专用工具、

零件及教材、教具、车辆，并派遣技术人员负责技术指导和教学工作。1995年1月，丰田在中国成立了第一家合资公司——天津丰津汽车传动部件有限公司（TFAP），1997年2月，在中国成立了第一家独资公司——天津丰田汽车锻造部件有限公司（TTFC），随后又在中国成立了四川丰田汽车有限公司、广汽丰田汽车有限公司等多家合资和独资公司。不同历史阶段下，丰田在中国市场的发展情况如表9-2所示。

表9-2 丰田在中国市场的发展情况

阶段	市场进入	提高收益	本土化	后本土化
时间	1964—1990年	1990—2000年	2000—2010年	2010年至今
战略规划	1. 产品出口 2. 品牌先行	1. 中国战略 2. 零部件供应	1. 加快本土化速度 2. 事业全面展开	1. 树立社会形象 2. 扩大品牌影响
具体策略	采取产品出口战略	1. 建立零部件供应体系 2. 扩大丰田售后维修服务网络 3. 技术援助和技术转让	1. 与中国两大企业合资建厂 2. 贴近市场，重视消费者需求 3. 通过CSR，提升品牌形象 4. 加强供应链管理，降低成本	1. 引进车型 2. 建立研发中心 3. CSR活动深化宣传环保

二、丰田企业设计战略

丰田的企业经营已有近80年历史，以精益生产哲学闻名世界，是全球无数企业生产、营销和管理实践的学习标杆。1935年，被人们誉为"销售之神"的神谷正太郎加盟丰田公司主持销售工作。神谷正太郎提出的"以销定产"销售模式，不但降低了丰田汽车的产品库存，也降低了丰田公司整体经营成本，并以此为基础确定了丰田汽车"低定价"策略，迅速提升了丰田汽车的销量，为日系汽车的龙头地位奠定了坚实的基础。

1. 丰田的生产方式

丰田汽车缔造的丰田生产方式可以说是世界制造史上的一大奇迹。以丰田生产方式和经营管理方法为标志的日本制造业在"生产方式""组织能力""管理方法"上的领先改变了21世纪全球制造业的存在形式和秩序。该生产方式的主要目的是通过改善活动消除隐藏在企业里的种种浪费现象，进而降低成本，是继泰勒生产方式（科学管理法）和福特生产方式（大批量装配线方式）之后诞生的新型生产方式。以下将从"准时生产""零库存"与"零时间""倒流程"生产几个角度解析丰田生产模式。

准时生产：准时生产方式是起源于日本丰田汽车公司的一种生产管理方式。它的基本思想可用现在广为流传的一句话来概括，即"只在需要的时候，按需要的量生产所需的产品"，这也就是Just in Time（JIT）一词所要表达的本来含义。这种生产方式的核心是追求一种无库存的生产系统，或使库存达到最小的生产系统。为此而开发了包括"看板"在内的一系列具体方法，并逐渐形成了一套独具特色的生产经营体系。

丰田公司主要通过以下三个途径来实现其"准时化"生产管理，首先是彻底合理化：丰田素以"小气"闻名。它信奉"毛巾干了还要挤"，而这恰恰体现了丰田彻底合理化的精神。丰田尽力消除两种浪费：一种是生产现场的浪费，另一种是生产过剩的浪费。其次是"三及时"：

所谓"三及时",就是"将需要的零件,在需要的时刻,按需要的数量提供给每一道工序,保证要什么及时给什么,需要时及时送到,要多少及时给多少"。最后是看板管理:运用看板组织生产和管理,就是按照"看板"控制生产系统中物料流的大小和速度,来实现成本的降低和后工程部门的供给保证。

"零库存"与"零时间":丰田公司通过准时化生产以及看板管理,最终实现了前人所不敢企及的"零库存"和"零时间"。而"零库存"和"零时间"的实现也就从源头上避免了生产过程中不必要的浪费,从而节约了生产成本。丰田所说的浪费是指生产上"只能增加成本"的各种因素,比我们通常讲的浪费概念要广泛而深刻。它有两层意思:第一,一切不为顾客创造价值的活动,都是浪费,那些不增加价值的活动都要消除;第二,即使是创造价值的活动,所消耗的资源如果超过了"绝对最少"的界限,也是浪费。具体表现为八种浪费,即生产过剩、现场等候时间、不必要的运输、过度处理或不正确处理、存货过剩、不必要的移动搬运、瑕疵、未被使用的员工创造力。而且一种浪费会产生另一种新的浪费,形成恶性循环,导致成本增加。

拉动式的"倒流程"生产:丰田生产方式是作为后工序从前工序领取零部件的"拉动式"而闻名的方式。首先,从宏观的生产计划安排上,"倒流程"生产管理好比一座倒过来的金字塔,将塔尖指向到客户、顾客和消费者,直接根据实际的产品需求制定每天、每月、每年的生产计划,这正是以顾客为导向的体现,有效避免了产品库存成本。其次,从具体的生产操作层面来看,因为根据具体的整车生产安排,只需向最终装配线正确地通知所需要的零部件的领取时间和数量,最终装配线就到前工序去,将装配汽车所需要的零部件,在必需的时候,领取所必需的数量。最后,前工序开始生产被后工序取走的那部分零部件。这样一来,各个零部件制造顺序以从它的前工序领取所必需的零件或者材料,按顺序向前溯流运行。

因此,在某个月份中,就没有必要同时向所有的工序下达生产计划。在生产汽车的过程中,如果有必要变更生产计划,只需要将变更传达到最终装配线上就可以了。

2. 丰田的工作哲学

丰田的工作哲学在员工的日常生活中作为指导性的工作方法,使得员工的工作、生活状态趋于良好。

以下为丰田的 11 条工作哲学:一、每个人都是"领导";二、站在上司的立场上看问题;三、思考"我的工资从何而来";四、做有意义的"工作";五、做一个"多才多艺的人";六、保证整个"工序"的品质;七、耳听为虚,眼见为实;八、"没有问题"就是最大的问题;九、改善和问题解决没有终点;十、错不在人,在于制度;十一、用生产来降低成本。这 11 条原则指导着丰田工人的日常工作,也使得他们在思想上更具备先进性,保证了自己的工作质量和工作进取心。

以解决工作中出现的问题为例,就可以看出丰田员工在针对问题时,不论问题大小和重要程度,均可以做到流程化处理,从这个小的角度便可以看出其工作哲学。丰田工作哲学中"解决问题的 8 个步骤"如图 9-2 所示。

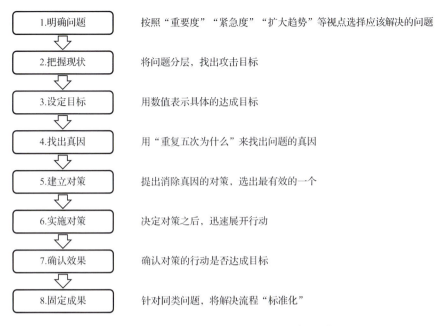

图 9-2　丰田工作哲学中"解决问题的 8 个步骤"

三、丰田设计的时代历程

1. 丰田的 LOGO 设计

丰田公司的发展是不断成长的过程，其 LOGO 的演变也从另一个角度诠释着这家企业的成长与成熟。丰田公司的 LOGO 演变过程如图 9-3 所示。在 1933 年采用字母的平面标识和"丰田"二字组成的立体标识。1936 年夏，汽车部研制出了轿车，并公开征集 LOGO，汽车部从全日本征集到的 27000 份构思中，决定采用在经过艺术处理后的日文假名"トヨタ（TOYOTA）"的外侧加一个圆环的图案作为 LOGO，LOGO 上的文字使用"トヨタ（TOYOTA）"而非"トヨダ（TOYODA）"的理由包括以下几点：设计鲜明、视觉效果明快；企业是一种社会性的存在，避免使用个人名字；文字由八个笔画构成等。发表于 1989 年 10 月，TOYOTA 创立 50 周年之际的 TOYOTA 标识（一直沿用至今）的设计重点是椭圆形的左右对

图 9-3　丰田 LOGO 演变历程

–115–

称结构。椭圆是具有两个中心的曲线,表示汽车制造者与顾客心心相印。并且,丰田(TOYOTA)的第一个字母T,由三个椭圆形成一个程式化的T,它被定义为"消费产品的灵魂工会"。背后的空间表示TOYOTA的先进技术在世界范围内拓展延伸,面向未来,面向宇宙不断飞翔。

2. 丰田汽车的创业期

1921年,丰田喜一郎踏上了欧美考察之旅。此时的欧美社会中,汽车已经成了人们的代步工具。1923年,日本发生了关东大地震,东京变成了一片废墟,此时,福特、通用的进口汽车成为重建急需的交通运输工具。在这种情况下,两家公司瞄准了日本市场,相继建厂,开始组装汽车。1929年,丰田喜一郎再次到欧美考察。他考察了美国汽车、机械工业的现状,归国后开始着手汽车的研发工作。1933年,丰田喜一郎设立了汽车部,开始真正通过日本人自己的力量制造国产汽车。丰田喜一郎以实现国产轿车的量产为目标进行汽车的研制工作,并于1935年完成试制车的研制。但鉴于当时的形势,丰田决定优先生产卡车,并于1935年8月研制出G1型卡车(见图9-4)。G1型卡车是在A1型轿车的基础上推行的,A1型轿车和G1型卡车制造完成后,丰田喜一郎便在日本的道路上对这两种车进行了测试。结果表明,A1轿车跑完1433千米的行程共花费5天的时间,而A1卡车跑完1260千米的行程需要6天。道路测试有助于汽车生产企业发现问题并在正式销售之前解决这些问题,且任何汽车在道路测试时都频繁地出现故障。据说当时G1卡车出现的故障和需要修理的地方加起来超过800个,可见当时G1型卡车并不能算成品。

图 9-4　G1 型卡车

1936年,第一款量产的丰田轿车正式推出——丰田AA型轿车(见图9-5)。其于1936年开始批量生产,到1943年停产前总共生产了1404辆。作为丰田的第一款量产车型,它的技术参考了20世纪30年代中期的美国轿车,车身造型采用当时划时代的流线型设计,流线型车身不仅能减小风阻、节省能耗、增强稳定性,而且会使车辆外观看起来更加饱满,更具有设计感。虽然现在只能在荷兰博物馆寻找到它的身影,这辆锈迹斑斑、车身钣金没一处是平整的车只有外壳还是原来丰田制造的,发动机和部件早已流失。但是,这款AA型汽车是丰田汽车的起点,其中累积的技术成为之后日本汽车产业发展的基础。

图 9-5　丰田 AA 型轿车

3. 丰田汽车的成长期

1949 年，乘用车生产限制被取消后，符合日本国情的汽车研发正式开始了。当时日本的轿车市场被出租车、公司用车所占据，丰田看准了私家车时代即将到来，于是第一辆日本独立研发的真正意义上的乘用车——皇冠诞生了（见图 9-6）。前悬挂采用日本国产首例独立悬挂方式，乘坐舒适的固定底盘以美式车为蓝本，双开门是其外观设计的最大特点，最高时速可达 100 千米。1956 年，皇冠参加了当时声势浩大的"伦敦——东京五万公里行"。第二年，参加环澳大利亚拉力赛，并跑完全程。

图 9-6　皇冠

1966 年是汽车业在日本开始蓬勃发展的一年。在这一年，一款含义为"花之冠"的汽车诞生了，它就是 COROLLA（卡罗拉）（见图 9-7）。不久后就成为风靡世界的最畅销的家庭用车之一。那么这款车凭借什么成为全球用户喜爱的座驾呢？卡罗拉在其刚进入市场时的口号是"市场最需要的汽车——把丰田技术的全部精华展示给世界"，它的许多技术在日本甚至在全世界范围内都是首次在轿车上使用。

图 9-7　卡罗拉

卡罗拉舒适的内部乘坐空间拥有分体式座椅以及宽敞的后部空间，与它的紧凑外观相反，卡罗拉的头顶空间的设计，使人完全感觉不到头顶上方的压抑。不仅如此，卡罗拉搭载了当时十分卓越的运动型地板式变速杆。卡罗拉的前悬架系统采用的是麦弗逊式悬架系统，也就是今天汽车采用的主流悬架系统，而在当时的日本这却是首次采用。后悬架系统采用半漂浮型，可尽可能减少从叶簧传出的噪音。

卡罗拉刚发布时，只拥有 2 门轿车。在此之后，4 门轿车和商用车型也陆续加入，所以第一代卡罗拉共拥有三款不同车身类型。而且，发动机的选择包括 1.1L K 发动机，运动型 K-B 发动机（双化油器），以及通过高压缩率达到更高的最大输出功率的 K-D 发动机。后期，1.2L 3K、3K-B 和 3K-D 发动机逐步取代了原先的 1.1L K 发动机系列。其他技术和装备还包括曲面玻璃表面、半斜背式流线车身、动感圆形仪表盘（取代传统盒式仪表盘设计）、倒车安全指示灯、前乘客坐席侧点火钥匙孔、可拆卸式后视镜、4 向照射灯、部分加固挡风玻璃、侧通风口。

卡罗拉帮助丰田实现了创业以来"汽车普及化"的夙愿，由于在性能、质量、配置和价格方面兼具优势，一上市就获得了火爆人气，成功引领了日本的机动化时代。1969 年，卡罗拉成为销量冠军，并在此后的 33 年中一直稳居冠军宝座。

卡罗拉让全世界都知道了丰田，而丰田跑车 2000GT 则彻底改变了汽车世界对丰田的看法。由丰田协同雅马哈设计的 2000GT 于 1965 年在东京车展上首次亮相（见图 9-8）。2000GT 流畅的车身是铝制的，其特色是弹出式前大灯在格栅上方的大型有机玻璃覆盖着驾驶灯上方。2000GT 证明了其可以生产跑车来与欧洲更好的品牌竞争。丰田还为 007 电影雷霆谷特别制作了两辆敞篷车，1967 年，*Road & Track* 杂志对 2000GT 的试生产进行了评论，将其归纳为"最令人兴奋和最愉悦的汽车之一"，并将其与保时捷 911 进行了比较。如今，2000GT 被视为日本第一款可收藏的汽车及超级跑车。

图 9-8　2000GT

4. 丰田汽车国际化

丰田喜一郎一直都以"福特"和"通用"两家公司为追赶目标，争取造出与这两家公司同等水平的汽车。伴随着第 4 次中东战争的爆发，世界经济遇到了第一次石油危机。对于日本来说发展形势更是不容乐观，这个完全依赖石油进口的国家的整个经济活动都受到了阻碍。在这种形势下，丰田将新的起点瞄准在资源的有限性上，有力地开展了节省资源、节约能源、降低成本的运动。早在之前，丰田喜一郎就认为开发燃耗功率高、可靠耐用的汽车对日本汽车工业来说至关重要。而美国由于 1973 年和 1979 年的两度石油危机，人们对于汽车的选择由大型车转向了节省燃油的小型车，缺少小型车生产技术的美国汽车工厂逐渐失去了往日的竞争优势。为了摆脱困境，美国汽车厂家一边催促政府限制日本进口汽车，一边要求日本汽车厂家到美国投资建厂。丰田等日本汽车厂家不想失去美国市场，也担心钟爱小车型的消费者不能自主选择，他们开始把在美国设立生产据点的问题作为自己新的经营课题。在这种情况下，丰田决定与美国通用汽车公司进行合作生产，这样不仅可以制造就业机会，还可以向美国汽车厂家转让小型轿车生产技术。同时，丰田也开始研发豪华品牌旗舰车型——雷克萨斯（LEXUS），且这款车型要完全独立于丰田的生产线。

成功者从来不缺乏野心，在用卡罗拉走进各国普通家庭，用 Supra 征服全球性能车迷的内心之后，丰田开始进入豪华车领域。当时还没有雷克萨斯这个名字，丰田将这个秘不外宣的项目命名为"Circle F"，其中 F 代表"Flagship"（旗舰）。和奢侈品类似，豪华车的品牌认同很大程度上来自品牌故事，然而比起在此领域经营了数十年的欧洲对手，丰田即将创建的品牌在故事方面可谓"零基础"。那么如何获得消费者的认同呢？丰田认识到，自己能选择的只有一种"笨拙"的方法——靠产品实力赢得市场。

为了实现这个目标，Circle F 的项目总工程师铃木一郎提出了在整个团队看来就是天方夜谭的造车标准。丰田汽车产品工程总监高桥明拒绝和铃木一郎合作，因为后者的目标太过激进，他表示当时奔驰和宝马同类产品的性能也仅仅是极速 210km/h 左右，油耗 11.8L/100km，风阻系数高于 0.32，96km/h 噪音水平高于 60 分贝。作为一个后来者，丰田没必要更没能力一上来就干翻业界标杆！对此，铃木一字一句地回答："我不能做任何妥协。如果我妥协了，那么新车只会是一款普通车型，毫无亮点可言。"最终铃木一郎用自己的执着打动了高桥明，两人开始带领工程师团队攻坚克难一些看似矛盾的目标：操控和舒适、动力和节油、美观和功能。他们都认识到，作为一个没有历史故事背书的新晋豪华品牌，除非在产品上一鸣惊人，否则就意味着一败涂地。

关于 LEXUS 的由来有着不同的传说，最终确定这个作为品牌的名字的解释是：LEXUS 朗朗上口，并且和英文中的"luxury（豪华）"谐音，能让消费者一下联想到豪华车的定位，这对于一个新建的豪华品牌非常重要。雷克萨斯汽车商标采用车名"LEXUS"首字母"L"，"L"的外面用一个椭圆包围的图案（见图 9-9），前期的车标是由两个半圆形"L"组成的正圆，整体来看有点像宇航员的头盔；第二版车标则更突出首字母"L"，"L"的外侧依旧是一个正圆；最终版车标的"L"外侧则被一圈经过精心计算的椭圆包围，椭圆代表着地球，表示雷克萨斯轿车遍布全世界。

图 9-9 "雷克萨斯 LOGO 得更迭"

终于，在众人努力下，雷克萨斯品牌得以于 1989 年 1 月在北美车展上正式亮相，同时发布的还有旗舰车型 LS400（见图 9-10）。和所有"凭空"出现的豪华品牌一样，雷克萨斯问世之初也遭到了许多质疑，甚至有媒体表示，专门生产家用车的丰田卖豪华车，就好像在麦当劳卖威灵顿牛排。

图 9-10 LS400

在德国不限速的高速公路上，记者们亲身体验了这部来自日本的新晋豪华旗舰轿车，一位记者在后来的报道中写道："当时速提高至 240km/h 时，这辆车的发动机如同一只伺机捕猎的灵猫般悄无声息。"雷克萨斯的第一个视频广告表达的也是 LS400 在噪音震动方面的深厚功底：后轮放在滚动装置上，时速开到 240km/h，发动机舱盖上的香槟塔纹丝不动。

除了性能，雷克萨斯 LS400 在舒适性、内饰做工用料，以及配置丰富程度方面也达到了同级最高水平。全自动空调系统、电动可调节座椅、电动可调节安全带固定装置、迎宾照明功能，以及无线锁车功能等。此外，雷克萨斯 LS400 还是全球首款既配备方向盘 SRS 空气囊，又可大范围调节方向盘上下及前后位置的车型。这些如今看来很平常的配置，在当年可以说是相当具有前瞻性。

人们买车时，除了产品，服务也是考量的重点，对于豪华品牌的消费者来说更是如此。雷克萨斯 LS400 上市后不久，就面临了一次考验——召回。当时雷克萨斯的服务网络才刚刚建立，为了避免让客户开车几百公里来维修，雷克萨斯决定上门取车，此外在还车前不仅会帮客户把车洗干净，还会免费为客户把油箱加满。超出预期的服务往往能令客户感动，雷克萨斯在召回中的表现让坏事变好事，赢得了服务口碑。而召回后加满油，已经成了雷克萨斯坚持到现在的一种传统。

在产品力和服务上都超出同级对手后，价格实惠的雷克萨斯 LS400 在其问世的第二年便成为美国豪华车销量冠军。

在全球爆发多次石油危机的背景下，日系车节能的优势日渐凸显，成为众多消费者的购买首选。尽管通用公司在 1996 年量产了 EV1 电动车，但是纯电力驱动在当时的技术条件下，无论是硬件还是软件都无法达到令人满意的程度。在原有汽油发动机基础上增加电动机岂不是能更好地改善消费者现有的用车理念？在这样的使命驱使下，丰田工程师开始着手研发看似无法达成的新车型。1993 年 9 月，丰田研发执行副总裁发起了 G21 项目。1994 年，丰田从车身、底盘、发动机和生产技术等多个领域召集了十名 30 多岁的技术精英，组建了 G21 项目组，团队目标是打造一款既对资源和环境有利又保留了现代汽车精髓的新车型。1995 年东京车展上，丰田发布了名为普锐斯（PRIUS）的混合动力概念车（见图 9-11）。普锐斯在拉丁语中意为 prior（优先的、超前的），普锐斯具备能量回收系统和启停功能，低滚动阻力轮胎也为良好的燃油经济性做出了贡献，这款其貌不扬的小车采用当时日系车流行的双色车身设计，车身造型憨态可掬，并不符合其混合动力车型的科技感。

丰田竭尽全力攻克技术难题，让普锐斯"勉强"达到量产市售的标准后，1997 年 12 月，代号 NHW10 的第一代丰田普锐

图 9-11　普锐斯混合动力概念车

斯在爱知县的丰田工厂下线（见图 9-12）。丰田的目标是在日本本土每年销售 12000 辆普锐斯，普锐斯也是丰田 MC 平台下诞生的首款车型。初代普锐斯仅拥有一款三厢车型，主要是为了将电动机和电池组以更合理的布局安放在车内，其余的细节设计则是为了提升空气动力学效应。从这款车的造型设计来看，它对 1999 年推出的丰田 Echo 三厢版产生了较深的影响，也就是曾经国产的夏利 2000。

图 9-12　NHW10

第一代普锐斯的造型由丰田加州设计中心的设计师设计，然而作为全球第一款量产的混合动力车型，丰田并没有给第一代普锐斯赋予一副极具未来感的外表，在消费者眼中它和普通家用车没什么两样，发动机盖延长至进气格栅位置，将进气格栅左右分离开，这种设计也是为了减小空气阻力。重量极轻的三辐锻造铝合金轮圈上还安装了能够降低空气阻力的树脂装饰罩，美观的同时能够起到降低油耗的作用。

普锐斯是最早实现批量生产的混合动力汽车，在人们日益关注环保的今天，普锐斯因革命性地降低了车辆油耗和尾气排放，具有划时代意义。

5. 丰田汽车转型期

随着石油资源的不断消耗，传统燃料汽车在未来将被新能源汽车取代已成定局。丰田一直围绕着降低油耗和减少排放的"节约能源"、促进电能和氢能等替代能源的"燃料多样化对策"以及"只有使环保车得到普及才是真正对环境做出贡献"的基本方针，不断推进新技术的开发。已经量产并推出了数代的 Prius 虽然依然在烧油，但不可否认其对于新能源汽车研发的意义相当巨大。而丰田为我们带来的 MARIA 氢燃料电池车则将未来汽车直接具象化地呈现在我们的眼前（见图 9-13）。

犀利的车身线条配合细长前卫的灯组设计，悬浮式车型、左右连贯式灯带以及连排的 LED 灯组设计都仿佛在向世界宣告，氢燃料电池车 MARIA 来自未来（见图 9-14）。

图 9-13 初代"MARIA"

图 9-14 "MARIA"尾部

丰田汽车自 2014 开始全部采用家族化的前脸设计,在造型上取得突破,提出"KEEN LOOK"的设计概念。其汽车造型由之前的各具特点到现在具有统一的 DNA,是其设计战略的改变。这一理念在造型中得到体现(见图 9-15)。首先,格栅与大灯相连接,线条由两边向中间聚拢并有略向下的趋势,中心点的位置用以凸显车标,两边大灯较中间纤细,大灯又向侧面延伸,形成一种向前的动势。这种造型的灵感来源于紧绷的丝带。

图 9-15 丰田汽车造型

其次，丰田在下格栅部位做了一个反向"U"型的大嘴设计，看起来像严肃或认真思考某种事情的表情、再加上上扬的眼角（两侧大灯）、紧锁的眉头（向中央聚拢的中网格栅），这样的一副表情，实在是很难讨好观众，正如奥迪当初的大嘴造型也让许多人诟病，但后来也慢慢被人们所接受。

虽说同样使用 KEEN LOOK 理念设计，前脸表情也大致相同，但在不同的车型之间，丰田所追求的则是一种神似。比如威驰用了两条镀铬件，在中间做了个层次，突出车标；而雷凌则用一条简单的镀铬件舒展开来；AYGO 则直接用大胆的分色来完成设计。几款车的下格栅设计也在保持倒"U"型的基础上各不相同。这样的设计，其实也就是人们常说的"X前脸"。

丰田是全球较早推广新能源车型的车企。早在 1997 年，第一代普锐斯就已经在日本市场发售，时至今日，已经推出的第四代普锐斯依旧是全球累计销量较高的新能源车型。在国内，丰田同样在大力推广自家的新能源车型，2005 年首次导入混合动力型普锐斯，2015 年两款搭载国产混合动力总成的卡罗拉和雷凌双擎国产并发售（见图 9-16、图 9-17）。与同级别车型相同的售价让更多的人享受到了混动技术带来的优异节能减排能力。随着国家和地方新能源车政策的紧缩，HEV（混合电动汽车）被大部分地区排在了"新能源车"之外，只有 PHEV（插电型混合电动汽车）和纯电动车才能享受到国家和地方的补贴政策，比如免费牌照、购置税补贴、免限行等。在广大自主和合资厂商纷纷做出动作，推出自家插电、纯电车的时候，丰田也不落后，发布了卡罗拉和雷凌的插电混动版。

图 9-16　卡罗拉·双擎

图 9-17　雷凌·双擎

与 HEV 混合动力汽车的发展状况类似，丰田同样是较早进入插电混动领域的车企之一，早在 2009 年，丰田就推出了基于第三代普锐斯打造的插电混动版概念车，并随后于 2011 年推向市场。在混合动力系统方面的深耕让丰田有着雄厚的技术积累，这也有助于其在纯电动领域的研发与生产。2013 年，丰田基于自家的微型车 IQ 推出了 IQ EV 纯电动版本。这款微型电动车仅仅是丰田的一次试水。从北京车展首发的 CONCEPT-I 系列概念车（见图 9-18），可以看出丰田未来纯电动车的模样。

图 9-18　丰田 CONCEPT-I 系列概念车

丰田计划在 2050 年将旗下车型的二氧化碳排放量降低 90%。HEV、PHEV、EV 和 FCV 立体布局，大量量产车和概念车相继推出。在国内，丰田已经实现了 HEV 和 PHEV 的国产，可以预见，新能源的未来并不遥远。

四、小结

丰田公司能取得今天的成就，其创立的精益生产模式功不可没。同时，丰田公司在供应链管理以及国际发展过程中独树一帜的战略也使得其能在百年的激烈竞争中脱颖而出并最终独占鳌头。然而，丰田的发展也有过巨大的挑战，如经济危机时的动荡和因生产问题带来的危机，在国际环境日趋复杂的时代背景下，丰田也不得不开始审视企业战略本身或在其落实过程中出现的种种问题。

纵观丰田公司的发展，对于我国众多正要"做大做强""大胆走出去"的企业而言是学习的榜样，也是一面了解自身得失的镜子。

第10章

肯德基、麦当劳本土化策略分析

一、发展背景

1. 麦当劳

麦当劳餐厅的前身是麦当劳兄弟餐厅（见图10-1），其创始人是理查德·麦当劳和莫里斯·麦当劳。俩兄弟出身于苦寒之家，父亲是一位制鞋匠人。年轻时，兄弟俩曾经试图逐梦电影圈，闯荡好莱坞。然而混迹多年，也不过是干一些管理道具的杂活。后来，他们买下了一家破旧的影剧院，不过彼时美国电影行业正在走下坡路，影剧院也是惨淡经营。1940年，兄弟俩在剧院旁的停车场开了一家快餐厅，名叫 Dick and Mac McDonald。头两年，餐厅的食物种类多达25种，年营业额近20万美元。通过几年的摸索，麦当劳兄弟对餐厅进行了改良，将食物种类减少为9种，主要卖汉堡和薯条，并且使用一次性餐具，引入快速服务系统，严格控制工作流程。1951年，餐厅年营业收入达到27.7万美元，增长近35%。1952年，《美国餐厅杂志》发文介绍了麦当劳兄弟餐厅的成功经验。

图10-1 麦当劳兄弟

而真正让麦当劳发扬光大，走向全球的人是雷·克罗克（见图10-2）。当时，克罗克只是一名售卖冰激凌搅拌机的代理商。在工作过程中，克罗克发现麦当劳兄弟餐厅的搅拌机进货量是一般餐厅的三四倍，充满好奇的克罗克决定前往位于美国加利福尼亚州的麦当劳兄弟餐厅一探究竟。

图10-2　雷·克罗克

一进餐厅，克罗克就被麦当劳兄弟餐厅极高的工作效率所吸引，厨师按流水线制作食物，顾客拿到食物就开车离开，这个过程短暂且流畅，这样的场景在传统餐厅是看不到的。敏锐的克罗克看到了其中的商机。1955年，通过协商，克罗克以代理人身份成立麦当劳系统公司，首家麦当劳连锁店在芝加哥开设。1961年，克罗克用270万美元一次性买断了麦当劳餐厅的经营权，从此，麦当劳开始走向全美扩张之路。1963年，美国一共有110家麦当劳餐厅，1964年，麦当劳公司的营业总额达到1亿美元。之后，麦当劳尝试在加拿大、英国等国家开设分店，走上全球扩张之路，图10-3为麦当劳新开业的新加坡门店。目前，麦当劳在全球121个国家和地区拥有3万多家门店。

图10-3　麦当劳新加坡门店

塔希提岛是南太平洋法属波利尼西亚向风群岛中最大的岛屿，是世界著名的旅游胜地，其主打的旅游招牌就是纯自然、没有现代工业元素侵袭，一句标志性的广告语就是"塔希提，这里没有麦当劳"。这也就侧面说明在人们的潜意识中，只要有现代工业气息的地方，就必定有麦当劳的存在。

不过1996年，麦当劳进驻塔希提岛，这个以纯自然为卖点的岛屿也被划入麦当劳帝国的版图。广告语成为绝唱，而麦当劳的扩张之路还在继续。

2. 肯德基

图 10-4　哈兰·山德士

肯德基餐厅的创始人是大家熟知的哈兰·山德士（见图 10-4）。人们熟知他的理由大多是因为他那"年逾五十而创业"的励志故事。

山德士六岁丧父，家里还有一对弟弟妹妹，所以很小的时候山德士就出来四处打工维持生计，1930 年，山德士在肯塔基州一家公路加油站工作，在工作之余敏锐的他发现前来加油的顾客大都空着肚子，于是他在加油站旁边摆了一个炸鸡铺子，得益于之前做过厨师的经验，山德士的炸鸡铺子生意格外红火，许多人慕名前来，加油站仿佛成了附加品。于是，山德士便在加油站的对面开了一家炸鸡餐厅，专门出售炸鸡食品，其独特的配方和迷人的风味吸引了大量的食客。1935 年，肯塔基州州政府为了褒扬山德士为本州餐饮业做出的杰出贡献，特地授予其上校官阶，这便是炸鸡上校山德士称号的由来。1939 年，山德士特地去纽约康奈尔大学学习酒店管理，将现代化管理理念融入自己的餐厅营运之中，结合了压力锅技术，将本家的炸鸡技术进行了升级优化，提升了炸鸡制作的效率。

不幸的是，一切都在二战时化为泡影。美军参战后，政府对石油进行了管控，加油站被迫关闭，餐厅的土地也被划为建设高速公路用地。双重打击下，山德士从一位受人敬仰的"炸鸡上校"变成了每月领取区区 105 美元救助金的 50 岁落魄大叔。

而山德士并没有放弃他的炸鸡梦想，他背着他的炸鸡工具和独家秘方，一家一家餐厅推销其炸鸡手艺，渴望寻求特许代理人。通过上千次游说和尝试，终于有餐厅同意合作出售山德士炸鸡，上校的美味炸鸡又得以供人享用。1955 年，山德士成立肯德基有限公司，开始在全美各地开设肯德基炸鸡店。1964 年，山德士以 200 万美元的价格将公司出售。目前，肯德基隶属世界最大的餐饮集团百胜集团，在全球 80 多个国家和地区拥有 1 万多家门店。

二、肯德基和麦当劳的本土化策略比较分析

肯德基和麦当劳虽然都是世界知名的速食连锁企业，但是就总体规模来看，两者之间还是存在巨大差距的。根据 2018 年全球最具价值品牌 100 强排名，麦当劳作为快餐领域的翘楚，高居榜单第八位，排在麦当劳前面的都是诸如苹果、微软之类的科技公司，品牌价值方面，麦当劳 1260 亿美元是肯德基 151 亿美元的 8 倍之多。而在中国大陆又是另一番景象，肯德基以 5000 多家门店牢牢占据大陆快餐行业霸主的地位，相比之下，麦当劳区区 2500 多家门店显得力不从心，肯德基 350 亿人民币的营业额（2016 年数据）也远超麦当劳（210 亿）。为什么在中国小弟肯德基能够打败大哥麦当劳？

1. 时机

在进军中国这件事上，肯德基抢占了先机。1987年，肯德基在中国首都北京前门大街上开设了大陆第一家肯德基餐厅，就此打开了进军大陆之门。彼时的中国沐浴在改革开放的春风之中，每一天都在发生翻天覆地的变化。当麦当劳在1990年才进入大陆，肯德基已经在中国站稳脚跟。此外，肯德基的大陆第一站选择是中国政治文化中心——首都北京，而麦当劳选择的是改革开放最前沿——深圳。就影响力和辐射力而言，深圳远远不及北京。

除此之外，肯德基在各个领域都做到了领先对手一步。2002年，肯德基在上海开设了第一家汽车餐厅，将汽车外卖的概念引入中国大陆，而麦当劳直到2005年才开设了对应的汽车餐厅"得来速"，一年之后，2006年，肯德基推出了"宅急送"服务，抢占外卖服务市场，而麦当劳的"麦乐送"服务要在两年之后才成型。

肯德基和麦当劳在十年之前就推出了外卖服务，如今外卖行业发展迅猛，令人不得不感叹这两位餐饮业巨头的前瞻性。

2. 鸡肉 VS 牛肉

众所周知，肯德基主打的产品是炸鸡，而麦当劳的主打产品是牛肉汉堡，食材的差异在两者进军中国，抢占大陆市场的时候起到了潜移默化的作用。

在中国传统饮食中，猪肉一直牢牢占据肉类消费榜的榜首。除猪肉外，受自然环境、宗教习俗等因素的影响，北部、西北部省份的人更习惯食用牛羊肉，而东部、南部省份的人更喜欢食用禽肉。而就平均消费水平而言，东部、南部省份的经济又强于西部、北部省份。换句话说，发达地区的人们食用更多的是禽肉而非牛羊肉，这一点上，肯德基占据了一个天然的优势。

3. 与中国餐厅的区别

当社会经济水平达到一定高度时，人们用于食品消费的比例，即恩格尔系数将会下降，而外出餐饮消费的比例将会上升，20世纪80年代末90年代初，经历了10年的改革开放，中国本土的餐饮行业也处于萌芽之中。

为什么肯德基和麦当劳这两个"外来户"，能够在众多中国本土餐饮品牌的围攻下，突出重围，迅速占领快餐市场。

最主要的原因是肯德基和麦当劳都有一套完整的现代化制作体系。从生产规模来看，肯德基和麦当劳都已经能做到用现代化设备进行批量化生产，整个生产流程是自动化和系统化的，除了能保证每家分店食品口味的一致性，更能够保证产品质量及其稳定性。

以肯德基的厨房为例，肯德基的厨房分为三个区域（K区、P区、C区），K区为生冷食品加工区，主要功能是冷冻食材的解冻、裹粉和烹制，P区称为总配区，主要功能是熟食的组装，例如汉堡和鸡肉卷的组装，C区为点餐区和配餐区，主要功能是点餐、配餐和小食饮品的制作（见图10-5）。三个区域相互独立又彼此联系，在提高效率的同时保证了卫生（生熟食物分开）。

中国饮食文化源远流长，每个地域都有自己独特的美食，如何将当地的美食推广至全国，这是一个十分复杂的命题。另外，由于没有标准化的操作规范，即使是同一个菜系的菜品，不同店家之间的口味也大相径庭。例如南京的黄焖鸡，每家店的口味都有差异，究竟谁才是正宗的黄焖鸡，一定是众说纷纭，无法定论。

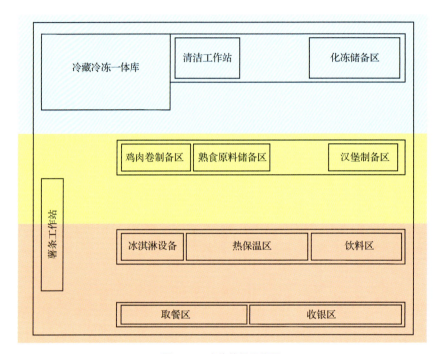

图10-5　肯德基餐厅分区

不论是原材料的选择，还是刀工、火工、调味，传统中国菜都有十分严格的标准，复杂的烹调过程与现代快餐行业追求效率的原则相违背。同样，在人才培养方面，中国菜需要花费更多的时间成本，一个年轻厨师需要通过数十年的学习和努力，才能掌握一个菜系的精髓。《舌尖上的中国》里，特技厨师往往都已经年逾花甲，白发苍苍。而肯德基和麦当劳的新员工培训时间相对来说缩短了很多，许多工作通过几天的简单培训即可上手。

除此之外，中国餐厅的卫生环境和服务质量在当时和西方餐厅还是有很大差距的，窗明几净的餐厅，统一的制服，亲切的微笑，这些对于当时的中国人还是十分陌生的，以至于肯德基在一开始进入中国的时候一度被认为是高级餐厅。

随着近三十年的发展，涌现出一批优秀的中国本土餐饮品牌，例如海底捞、永和大王、大娘水饺、小肥羊等，他们学习了肯德基麦当劳的成功经验。硬件上做到了系统化、现代化、自动化，软件上不断提升服务水平，有些餐厅的服务质量甚至高于肯德基和麦当劳。不过此时肯德基和麦当劳这两个巨人已经在快餐业称霸多年，经济规模的差距是无法轻易抹平的。

4. 食品本土化

中国是一个饮食大国，饮食文化源远流长，各地美食种类繁多。作为"舶来品"，外来的快餐如何满足挑剔的中国食客，这是一个需要认真思考的命题。在这一方面，肯德基无疑比麦当劳更为出色和开放，当麦当劳仍固执于汉堡薯条时，肯德基已经将现代标准化生产的食品同中国传统美食相结合，推出了符合中国人口味的本土化产品，诸如早餐的皮蛋瘦肉粥、安心油条，主食有老北京鸡肉卷、藤椒嫩笋鸡块饭等，这些食物在口味上更加贴近国人的习惯，亦突出了食材搭配和营养均衡。西式快餐披上中国美食的外衣，摆脱了"油炸食品""垃圾食物"的标签，可以更加迅速地被不同年龄层的人接受。如今，麦当劳也卖起了本土化食品，不过从种类和出新速度来看还远远不及肯德基。

5. 餐厅本土化

除了食品的本土化，肯德基和麦当劳也做到了餐厅本土化。

中美的肯德基、麦当劳餐厅主要有以下三点区别，首先是顾客数量，中国餐厅的平均顾客数量要远远大于美国餐厅，其次在中国，大多数顾客习惯于在餐厅内用餐，因为驾车外卖在中国还未成气候。由此，中国餐厅针对以上区别，做了本土化的改良，首先，中国餐厅平均用地总面积小于美国餐厅，这是因为不用占用多余的土地资源建设停车场。相对的，中国餐厅内部面积要大于美国餐厅，一家国内的肯德基或麦当劳餐厅，往往需要容纳上百人同时用餐，没有了驾车外卖功能，每个餐厅的内外流线就不需要进行特殊设计，相关的设施也可以节省下来。

除此之外，各地的肯德基或麦当劳餐厅也会结合当地的特有文化，在室内设计方面进行本土化改造。例如，肯德基上海金山餐厅就以金山农画为主题（见图10-6），整个餐厅内充满农画的元素，北京前门餐厅以京剧为设计元素，麦当劳在哈尔滨索菲亚餐厅、丽江玉河广场餐厅（见图10-7）等也利用当地特色元素进行装饰。

图10-6 肯德基上海金山餐厅

图 10-7　麦当劳丽江玉河广场餐厅

6. 营销本土化

肯德基的营销口号是"生活如此多娇",这一口号改编自诗句"江山如此多娇",其本身就是本土化的产物。肯德基将特定目标用户聚焦于家庭,强调让食客在餐厅内体会到家庭的温馨、友爱与默契。

麦当劳在 2003 年将全球营销口号改成"我就喜欢",目标用户为年轻人,强调年轻人的特立独行。

对比两句口号,肯德基显然更具"中国特色",相对于个人更趋向家庭、团体,目标客户群范围更大。

从广告营销来看,肯德基深谙中国广告之道,及请大量明星进行代言。不完全统计,近年来为肯德基代言过广告的明星达数十人,从影视明星到音乐人,再到偶像团体,可谓面面俱到。

在肯德基连续启用本地人气偶像为产品代言的第五年,麦当劳才开始起用年轻偶像吴亦凡作为品牌形象代言人,这也是 10 年没有启用代言人的麦当劳调整营销策略的表现。上一次麦当劳公布的中国地区品牌形象代言人还是篮球运动员易建联。

签下吴亦凡之前,麦当劳或许看到了肯德基在 2016 年 4 月邀请到鹿晗作为代言人之后,为产品在营销推广上产生的影响力,同时也印证了外来快餐品牌与本土人气偶像结合的模式行之有效且风险系数较低。

另外,麦当劳也在试图打通不同消费群体间的影响力,吴亦凡作为当前年轻群体中极具影响力的偶像,能极大地帮助麦当劳吸引年轻群体的关注(见图 10-8)。

不得不承认，请大量明星代言这种营销方式，在大陆市场上非常有效。例如手机行业的 OPPO 和 VIVO，虽然被广大手机爱好者诟病把钱都花在明星代言而非技术研发，但是这两个品牌的手机在三四线城市的销售量、在年轻人群体中的占有率常常超过华为和小米，甚至苹果，除了硬件迎合年轻人拍照和外观上的需求，明星代言也是手机营销不可缺少的一环。

品牌	代言人	代言起始时间	品牌产品
肯德基	陈坤	2013 年 12 月 26 日	吮指原味鸡
	柯震东	2013 年 12 月 26 日	黄金脆皮鸡
	鹿晗	2016 年 4 月 20 日	
	李宇春	2016 年 8 月	
	薛之谦	2017 年 3 月	
	TF Boys	2017 年 7 月 26 日	愤怒的汉堡
	黄渤	2018 年 2 月	
	谭维维	2018 年 3 月	藤椒鸡腿堡 藤椒嫩笋鸡块饭
	盛一伦	2018 年 4 月	十翅一桶
麦当劳	吴亦凡	2017 年 6 月 22 日	

图 10-8 肯德基、麦当劳广告代言人对比

近年来，中国正在大力发展文化产业，而 ACG（动画、漫画、游戏）文化作为其重要组成部分，吸引着越来越多的青少年和年轻人。根据统计，2017 年我国二次元用户规模已达 2.5 亿人，其中核心二次元用户超过 8000 万人，并且人数逐年递增。面对如此庞大的潜在用户群体，肯德基和麦当劳当然不能袖手旁观。这方面的营销合作，肯德基也占据先机，不仅签下了首位二次元代言人——洛天依，还和《英雄联盟》《王者荣耀》《阴阳师》《恋与制作人》合作，推出相关的主题套餐和主题周边，吸引游戏爱好者进行购买。而麦当劳和《全职高手》《斗破苍穹》进行了合作。显而易见，后两个 IP 在知名度和传播度方面远远不及前面四款游戏。这一回合，肯德基又取得了胜利。

媒体坏境的快速变化正在改变年轻人的注意力，因此借助超级网络综艺节目吸引更多年轻用户的关注以及如何把握好年轻文化的趋势，也是冠名商在植入时考量的重要内容。在综艺市场上，肯德基和麦当劳的竞争不相上下。以近年来重大的综艺节目为例，肯德基赞助了《奇葩说》和《机器人争霸》，麦当劳赞助了《中国有嘻哈》和《创造 101》，可谓不分伯仲。

三、肯德基和麦当劳的设计比较

1. 企业形象

肯德基（见图 10-9）和麦当劳（见图 10-10）的 LOGO（标志）都随着年代的更替有不同的演变，如今肯德基的 LOGO 为黑色的上校头像。麦当劳的 LOGO 为白底黄字的字母 M，欧洲的麦当劳 LOGO 底色为绿色，为了迎合欧洲人对于绿色食品的追求。

图 10-9　肯德基 LOGO 演变

图 10-10 麦当劳 LOGO 演变

两家企业都有各自的形象代言人，肯德基为上校和奇奇，麦当劳是麦当劳叔叔和他的朋友们（滑嘟嘟、汉堡神偷、飞鸟姐姐）。

2. 海报广告设计

促销是肯德基绝大多数精良海报作品的永恒主题。肯德基曾推出一系列故乡篇的海报，以斑马、灰雁、灰鲸的自然迁徙类比，层层铺垫，唤醒顾客们心底的思乡情（见图10-11）。

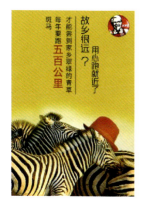

图10-11　肯德基故乡篇系列海报

斑马每年要跑五百公里才能尝到家乡翠绿的青草——故乡很远？用心跑就近了。灰雁每年要飞八百公里才能嗅到家乡的暖阳——故乡很远？用心飞就近了。灰鲸每年要游一万八千公里才能觅到家乡的美味——故乡很远？用心游就近了。今年共有二十九亿人次奔波在回家的路上——故乡很远？有熟悉的味道"香"伴就近了。这些都是故乡系列海报的文案。

时值中华人民共和国成立70周年，麦当劳中国区发布了主题为"'堡'览辉煌，喜迎华诞"的创意海报，以麦当劳经典产品汉堡包为视角，述说中国社会的巨大变化，以及其中麦当劳的点滴贡献。回望来路，麦当劳走过了跨国品牌的中国本土化之路，也见证了中国改革开放、经济蓬勃发展的历程。

系列一，立足本土，实现90%食材本土采购（见图10-12）。

图10-12　麦当劳系列海报一

早在1982年，中央发布了首个关于"三农"问题的一号文件，为日后农业发展奠定了坚实基础。过去近30年，麦当劳的全球核心食材供应商相继来华投资，共同为促进餐饮行业食品安全标准及管理系统优化做出贡献。麦当劳也积极与中国本土供应商深入合作，助力中国农业现代化。

系列二：从 1 到 3100，随时随地，我就喜欢（见图 10-13）。

图 10-13　麦当劳系列海报二

1990 年 10 月 8 日，中国内地首家麦当劳餐厅落户深圳光华，当日盛况成为一些人的记忆，并以 46 万元创下当时麦当劳单天营业额的全球纪录。如今，麦当劳在中国内地已有超过 3100 家餐厅，遍布全国 250 多个城市，每年服务顾客约 13 亿人次。

系列三：开心时光，喜欢您来（见图 10-14）。

图 10-14　麦当劳系列海报三

1995 年中国内地开始实行双休日制度，居民可以享受更多亲子休闲时光。麦当劳陆续推出开心乐园餐和生日会等，2018 年举办约 40 万场派对；2017 年推出"送餐到桌"服务，让消费者把珍贵的陪伴时光留给家人。

系列四：便捷出行，美味随心（见图 10-15）。

2008 年，中国第一条高速铁路——京津城际铁路正式开通。高铁不仅改变了人们的出行方式，更推动了区域经济发展。麦当劳已入驻 86 个枢纽火车站，为旅客提供便捷美味。

系列五：建构美丽中国，我们的一小步，世界的一大步（见图 10-16）。

图 10-15 麦当劳系列海报四

图 10-16 麦当劳系列海报五

2015年,"美丽中国"被写入"五年规划",生态文明建设翻开新篇章。麦当劳中国于2018年宣布"我们的一小步,世界的一大步"(Scale for Good)可持续发展行动计划:(1)开设超过1800家LEED认证的绿色餐厅;(2)推进绿色包装,更负责任地使用包装,不断优化并减少包装材料。

系列六:外送生活,方便美味(见图10-17)。

图 10-17 麦当劳系列海报六

—137—

2017年，中国在线订餐用户突破3亿人，外卖已成为一种生活方式。麦当劳中国于2007年率先推出外送服务。截至2019年8月，麦当劳累计送出超过三亿份餐点，让消费者在不同场景下享受高品质的食品。

四、肯德基和麦当劳的未来之路

如今，肯德基（中国）被阿里巴巴收购，麦当劳（中国）被中信收购，成为彻底的本土品牌。在本土化的路程中，两家企业将走向何处？从目前的趋势来看，主要有两个方向：数字化和健康化。

图 10-18　麦当劳未来餐厅 2.0 计划

首先是数字化。以移动支付为代表的现代数字化服务技术近两年得到飞速发展，普及于全国大小商店。2016年，麦当劳推出未来餐厅2.0（见图10-18）的升级计划，通过在北京、上海、广州等地开设概念店，逐渐将数字化技术普及于全国各家门店。

未来餐厅2.0计划新增了自助点餐、送餐到桌、移动支付、定制食品等功能。顾客可以在电子触摸屏上自主选择想要的食品，免去了排队点餐的烦恼，并且汉堡、沙拉等食物都可以根据自己的口味进行定制。同样，如果不想排队取餐的话，可以选择送餐到桌服务，服务人员将把食物送到顾客的餐桌上，而儿童活动区，体感游戏代替了传统的滑梯。经过两年的发展，自助点餐服务已经在肯德基和麦当劳餐厅内普及，麦当劳和肯德基各自的App、微信小程序都已经上线，至于定制食品和送餐到桌服务，正在有计划地逐步推进。

另一个问题就是健康，这是肯德基和麦当劳无法回避的问题。汉堡、薯条等食品总是不自觉地和高脂肪、低营养等词汇联系在一起。随着人们生活水平的提升，更多的人在追求健康的饮食和生活。为了迎合这样的趋势，肯德基和麦当劳也不得不做出应对。

一家位于杭州的餐厅在健康饮食方面进行了革新，叫K-PRO（见图10-19），有别于传统的红黄二色，餐厅主色调为绿色。健康的隐喻不言而喻。在这家餐厅内，主食新增了三明治和沙拉，饮料新增了现榨果汁，咖啡的口味达到9种。如果你不喜欢它们对沙拉或三明治的搭配，还可以自己挑选食材，可选项有虾仁、烟熏美洲珍鲑、玉米段之类。

图 10-19　杭州 K-PRO 餐厅

麦当劳每年都会和中外知名厨师合作，举办"麦麦全席"活动（见图 10-20），活动中，厨师们将采用麦当劳产品所用的食材，各显神通，做出不同的健康美食。2017 年，"麦麦全席"的主题是"新鲜安心，任你出彩"。麦当劳中国邀请了法国籍主厨 HARAULDSEXTUS（"Ox"）主理红、黄、绿、黑、白五道料理。

图 10-20　麦当劳麦麦全席食品

我们可以想象，未来在肯德基或麦当劳餐厅，人们将不仅能够吃到传统的汉堡薯条，还能吃到诸如时蔬沙拉、番茄牛腩汤、大麦茶等健康美味的食品。

第11章
可口可乐的百年传奇

一、跨时代的发展史

可口可乐（Coca-Cola），是由美国可口可乐公司生产的一类含有咖啡因的汽水饮料，全球销量排名第一，每天有17亿人次的消费者在畅饮可口可乐公司的产品，每秒钟大约售出19400瓶饮料。可口可乐品牌给美国经济的快速发展带来了至关重要的作用，自诞生起至今走过了130个春秋，成就了如今纵横全球的百年传奇。

1. 可口可乐的诞生

1886年，美国佐治亚州亚特兰大市的一位药剂师约翰·彭伯顿酿造了一批黑色糖浆，因其由古柯叶（coca leaf）和柯拉果（kola nut）制成，弗兰克·罗宾逊将其命名为"可口可乐"，就这样世界上最著名的商标诞生了。

彭伯顿在1885年售卖自己的饮料品牌——法国古柯葡萄酒（French Wine of Coca）。但当时的清教徒呼吁禁酒，导致亚特兰大全城推行禁酒令，于是彭伯顿不得不将葡萄酒换成汽水。1886年5月，他发明了一种具有提神、镇静作用，可以减轻头痛的饮料，他将这种液体加入了糖浆、水、冰块和苏打水，这便是最早的可口可乐，用他的口气来说"结果似乎是挺令人满意的。"

2. 企业战略

可口可乐在美国获得了巨大的成功。1886 年，阿萨·坎德勒注意到这个正在崛起的品牌，迅速将其收入自己的麾下，并将其原液出售给其他的药店，所以就有了可口可乐最开始是一款感冒药的传闻。坎德勒正式成立了可口可乐公司，也因此被称之为"可口可乐之父"。真正使可口可乐大放异彩的，是两位美国律师。两人提出一个创新的商业合作方式：由可口可乐公司售给他们糖浆，他们自己投资生产及售卖，将糖浆兑水、装瓶、出售，按可口可乐公司的要求生产并保证品质。坎德勒在 1899 年以 1 美元的价格售出这种饮料的第一个装配特许经营权。

坎德勒开始并不同意采用这种分销模式，因为当时大多数装瓶业务很不成熟，但是他后来认识到，装瓶分销可以让产品深入远离市中心的农村市场。这种经营模式更大的好处在于，位于小城镇的独立企业主们自掏腰包助力市场扩张。装瓶公司们垫款购买机器，支付包装及运输的费用，可口可乐的糖浆也由此迅速渗透到全国各地的商业大动脉。

可口可乐的外包战略并没有就此止步。在供应方面,可口可乐还尽量避免持有工厂和厂房。该公司既没有在加勒比海拥有糖种植园，或在中西部持有高果糖玉米糖浆的湿磨厂，也没有在东南部持有脱咖啡因的设施。相反，公司依赖大量独立的企业，来对成品饮料中的关键成分进行采掘、加工和提炼。

整个 20 世纪，可口可乐都是这么做的，它让其他人，不论是政府的自来水厂还是垂直整合的炼糖厂，都投入生产和分销系统，共同完成可口可乐的生产。

真正让可口可乐成为一家伟大企业的，不是它做了什么，而是它没有做什么。

3. 成功于"二战"

因为战争的爆发，可口可乐的销售受到了严重的影响，这让罗伯特·伍德鲁夫非常头疼，这时，朋友从战场打来的一个电话让他茅塞顿开，如果战场上的美国大兵都能饮用可口可乐，那么当地人也会饮用，这对可口可乐的市场扩张无疑是非常大的帮助。而且一线作战的士兵非常需要一种能够保持神经兴奋的方法，之前军方使用的是香烟和酒精，但很显然这不是一个很好的选择。可口可乐的特性恰好使其能够成为替代产品。伴随美军士兵征战世界，可口可乐已经不仅仅是休闲的饮料，更是如同枪和子弹一般的必需品。

为了打动军方人员，罗伯特·伍德鲁夫甚至发表声明说："不论我们的军队在什么地方，也不管本公司要花多少成本，我们一定要让每个军人只花 5 美分就能买到一瓶可口可乐！"

这样的手段，最终打动了美国军方。可口可乐作为部队配给，配发给美军部队。而可口可乐公司也借此机会被塑造成爱国企业，使其名声大噪。

据统计，第二次世界大战期间，可口可乐公司一共销售了 100 亿瓶可口可乐，伴随着美国大兵的脚步，可口可乐到达了全球许多地方并迅速风靡世界，更成为美国军人的最爱。有这样一个故事：从欧洲战场回国的艾森豪威尔将军参加一次宴会，侍者询问将军需要什么，将军回答："给我一杯可口可乐。"然后一饮而尽，接着，他又说："我还有一个要求，就是再来瓶可口可乐！"虽是传说，但可口可乐之于美军的重要性，可见一斑。

可口可乐的装瓶工厂，也随着美国军队走向全世界，这一举措使可口可乐在欧洲和亚洲国家获得了占绝对优势的市场份额。

4. 代言美国精神

第二次世界大战过后，美国国内经济遭到了重创，特别是经济大萧条时期。为此，可口可乐将自己作为美国精神的代言，提出不同模式的设计，试图唤起美国国内各民族的认可，提升实际的民族自豪感。

此时，可口可乐已经不仅仅是一款饮料，更是一种文化。可以说可口可乐已经渗透到了美国的每一个角落。除了之前的艾森豪威尔，尼克松、肯尼迪、克林顿也都是可口可乐的钟爱者。除了政界，可口可乐的影响也渗透到美国的娱乐界。披头士乐队曾在《Come Together》中唱道："He shoots Coca-Cola, He says 'I know you, you know me'"（他抛掷着可口可乐罐，他说"我认识你，你也认识我"）。可口可乐以积极的方式，将产品与美国人开朗、热情、有几分孩子气般单纯的性格联系在一起，使其成为一个大众品牌。

在130多年的经营中，可口可乐已经成为美国文化与生活方式最重要的象征之一。可口可乐的广告总是用简单明快的画面描述出生活中简单的快乐。年复一年，可口可乐已经成为美国人集体记忆的一部分。

二、高识别设计基因

可口可乐是目前世界上知名度很高的产品，其品牌价值已达到700多亿美元。可口可乐的知名度，在很大程度上得益于企业形象设计。一部可口可乐的成长史，从某种程度上说，就是塑造企业形象的历史。可口可乐在中国广为流行，和其强大的宣传攻势是分不开的。

1. 百年瓶设计

可口可乐饮料的包装很讲究。1915年，一位玻璃厂的青年工人设计了一个仕女身形的玻璃瓶——弧形瓶（见图11-1）。可口可乐公司老板坎德勒发觉该玻璃瓶设计巧妙，造型美观，如亭亭玉立的少女，容量又刚好盛放一杯水，遂不惜花费重金将其专利买下，并投入生产。作为可口可乐饮料的包装用瓶，弧形瓶见证了可口可乐一路走向传奇的历程（如表11-1）。

图 11-1 百年弧形瓶

表 11-1 可口可乐百年瓶身演变

年份	图片	说明
1899 年		时任可口可乐公司总裁的阿萨·凯德勒以 1 美元的价格售出可口可乐在美国大部分地区的装瓶权。这一年,美国田纳西州的查塔努加市因此成为首个开设可口可乐装瓶厂的城市。当时所用的瓶子是带有金属塞的直身哈金森玻璃瓶
1906 年		美国装瓶厂大量使用雕刻有可口可乐浮雕商标的琥珀色直身瓶。1906 年,贴有菱形商标贴纸的可口可乐瓶在同行竞争者的包装中脱颖而出
1915 年		可口可乐的巨大成功和蓬勃发展,引得竞争对手们纷纷效仿。他们对可口可乐的名称和标识略做变体,贴在瓶子上。面对大量的仿冒产品,可口可乐公司与装瓶商合作,要求制瓶商提交新瓶形设计方案:"瓶子必须独一无二,哪怕在黑暗中仅凭触觉也能辨别出可口可乐,甚至仅凭打碎在地的碎片,也能够一眼识别出来。" 1915 年,如今举世闻名的可口可乐弧形瓶由印第安纳州泰瑞豪特的鲁特玻璃公司设计并获得专利
1923 年		随着家用电冰箱的逐渐普及,可口可乐公司发明六联包,鼓励消费者在家轻松畅饮可口可乐
1955 年		可口可乐在美国推出更大容量的包装,从标准的 6.5 盎司弧形瓶包装扩展到 10 盎司、12 盎司以及 26 盎司的家庭装,更多包装尺寸的选择满足了消费者的不同需求

续表

年份		说明
1957 年		可口可乐公司在弧形瓶瓶身上印上"Coca-Cola"和"Coke"商标，取代了传统玻璃瓶上的"Coca-Cola"浮字商标
1960 年		12 盎司的铝制易拉罐可口可乐在美国推出。早期的易拉罐上还印有弧形瓶的图案，帮助人们了解罐装和瓶装可口可乐是同一种饮料
1977 年		可口可乐弧形瓶成为注册商标，仅有极少数的包装设计能获得这样的肯定。1949 年的一项调查显示，超过 99% 的美国人仅凭包装的外形就能辨认出可口可乐
1993 年		20 盎司的塑料弧形瓶诞生了。如同 1915 年玻璃弧形瓶的诞生，塑料弧形瓶也让可口可乐与其他饮料再度区别开来
2008 年		凭借清爽的品牌视觉识别系统和铝制弧形瓶包装，可口可乐公司在著名的戛纳国际创意节上获得了第一个设计类全场大奖
2009 年		可口可乐公司推出植物环保瓶，这种塑料弧形瓶使用含高达 30% 的可再生植物材料制成，并且 100% 可回收

纵观可口可乐百年的瓶身演变可知，弧形瓶在可口可乐的发展史中功不可没。自 1915 年设计出弧形瓶，之后历代的可口可乐瓶都能见到弧形瓶的元素。不论是造型的微调，还是瓶身材质的改变，始终不变的是高度识别性的弧形瓶要素，弧形瓶已经是可口可乐企业重要的基因组成。

2. 标志设计

可口可乐的标志是一个非常成功的品牌设计案例，其线条飘逸优美，令人感到酣畅淋漓，红色充满了激情与活力，散发着一种健康、积极向上的气息，时刻向人们传递着活力，秉承了其"积极乐观，美好生活"的品牌理念。

图 11-2　1890 年可口可乐标志

可口可乐标志的诞生深受维多利亚时期大众平面设计运动、工艺美术运动和新艺术运动的影响。1886 年，可口可乐公司选用粗衬线体作为其第一个标志，但没有太大反响。1890 年，其标志迎合了当时美国盛行的维多利亚风格设计，过度装饰，由于过于繁杂，难以识别，仅使用了一年（见图 11-2）。

从 1900 年开始，受"新艺术"运动自然装饰风格的影响，可口可乐公司采用斯宾塞体草书"Coca-Cola"标志（见图 11-3）。斯宾塞体草书有一种悠然的跳动之美，给人一种飘逸、连贯、流线的美感。

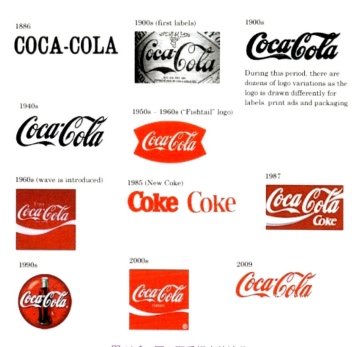

图 11-3　可口可乐标志的演化

20 世纪 30 年代，设计师罗维设计了可口可乐的标志。标志设计采用白色字体，并用流畅、飘逸的字形体现品牌的特色，用深褐色的瓶身衬托白色字体，十分具有冲击力，加上新瓶的造型特点，使其整体给人的观感焕然一新，并且开始推向全球（见图 11-4）。

图 11-4　罗维设计的玻璃瓶

现在，可口可乐标志的设计采取红底白字，十分引人注目。书写流畅的白色字母，在红色的衬托下，有一种悠然的跳动之态。由字母的连贯性形成的白色长条波纹，给人一种流动感，充分体现出了液体的特性，使整个设计充满诱人的活力。

3. 广告语设计

可口可乐从1886年成立至今,已成为畅销全球的饮品,为了使可口可乐的形象深入人心,可口可乐公司不惜花费巨资做广告宣传,每年在广告上的支出达6亿美元。正如伍德拉夫所说:"可口可乐99.61%是碳酸、糖浆和水。如果不进行广告宣传,那还有谁会喝它?"在130多年间可口可乐变换了48次品牌广告语,次次都深入人心。

1886年,第一瓶可口可乐问世,需要更多的人去品尝这一款新产品,所以"请喝可口可乐(Drink Coca-Cola)"成为可口可乐的第一句广告语,并在此后的10多年里一直是可口可乐的推广主题。

1904年,可口可乐在美国进入了巩固发展期,"美味畅爽(Delicious and Refreshing)"道出了可口可乐的产品特质,也是使用频率最多的广告语之一,畅行百年,历久不衰。

1927年,可口可乐开始了第一波全球扩张,中国也名列其中。一句"任何角落,随手可得(Around the corner from everywhere)",霸气外露的同时,也彰显了可口可乐的全球化战略。

1963年,可口可乐用"心旷神怡,万事胜意(Things Go Better with Coke)"来安抚每颗落寞的心。

1969年,"It's the real thing."(见图11-5),这才是真正的,这才是地道货。

1971年,可口可乐采用"I'd like to buy the world a Coke(我想给世界来杯可口可乐)",表达出可口可乐世界大同的心愿,为更多的新朋友带来欢乐。

1979年,中美正式建交,可口可乐也重返中国。为了表达内心的澎湃,可口可乐广告语也变为"Have a coke and a smile(可口可乐添欢笑)"

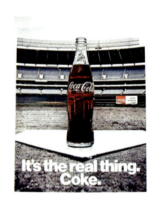

图11-5　1969年广告语海报

2009年,伴随着一系列脍炙人口的快乐营销活动,可口可乐启用了广告语"Open Happiness(畅爽开怀)",奠定了可口可乐制造、分享、传递快乐的使者形象。

2016年,可口可乐推出全新营销主题"TASTE THE FEELING"(见图11-6),回归产品本身,强调"畅饮任何一款可口可乐产品所带来的简单快乐,让那一刻变得与众不同"。

比起其他大公司常年不变的广告

图11-6　2016年广告语海报

语，可口可乐更换广告语的频率很高，不断变化的广告语如同它标志性的弧形瓶包装一样，承载着沟通消费者、塑造品牌形象的功能。每一次更换口号，都能从中窥探出品牌当时的处境，乃至折射出部分社会的风潮。

三、品牌文化

1. 营销理念

可口可乐，作为全球极具价值的品牌，不仅最具品牌优势，而且生命周期长，辐射范围广。

按产品生命周期原理，产品进入市场，应遵循成长、成熟和衰退的生命周期。但可口可乐成为一种例外，它不断进入新市场，注入新的活力，源源不断，蓬勃生长。作为已经成功经营130多年的品牌，可口可乐现在依旧充满青春活力，积极适应每一个时代的发展。可口可乐是年轻人的品牌，每一代年轻人的思想和观点都是不一样的，可口可乐依据年轻人的喜好及时进行改进，迎合主流市场，与时俱进，顺应潮流发展。

可口可乐的力量不仅表现在时间上的经久不衰，而且还表现在空间上的无处不在。可口可乐公司有一句著名的销售格言：有人的地方就会有人"口渴"，就会对饮料产生购买需求。所以产品能让消费者触手可及，就一定会占有市场。因此，有人的地方就有可口可乐，可口可乐无处不在。如今，在世界上195个国家和地区，人们都可以看到充满活力的、红底白字的可口可乐商标（见图11-7），它是无国界的全球化产品。

图 11-7　无处不在的可口可乐

2. 经典营销

可口可乐可以说是体育赞助的先锋，从1907年赞助美国棒球比赛开始，至今已有110余年的传统。2006年，德国世界杯吸引着全球亿万球迷，可口可乐以高额赞助，向全世界展现自己（见图11-8）。至今,可口可乐公司仍请体育明星代言,以体育伙伴的姿态出现在大众视野，在体育与公众之间建立一种有机联系，促进三者之间的沟通，实现"哪里有体育，哪里就有可口可乐"的形象。

图 11-8 世界杯海报

随着时代的发展,可口可乐公司以可持续发展的理念在瓶身的设计中增添了不少新元素,秉承着"积极乐观美好生活"的承诺,为世界创造价值。2013年夏季,可口可乐昵称瓶营销活动为其带来了20%的销量增长,又一年夏日来临,可口可乐再次换装,掀起夏日营销激情。从昵称瓶(见图11-9)到歌词瓶(见图11-10)再到台词瓶,可口可乐品牌形象及认可度被加固,其营销内容、投放媒体选择上表现出了以情感共鸣助力营销的可持续发展理念。

图 11-9 可口可乐昵称瓶

图 11-10 可口可乐歌词瓶

2016年可口可乐的圣诞拉花瓶(见图11-11)在全球得以大卖,作为一个百年品牌,可口可乐对于圣诞季的宣传颇有心得。

图 11-11 圣诞拉花可口可乐瓶

早期的圣诞老人是绿色的,带有忧郁的欧洲风味,但这个形象从1931年就被可口可乐彻底美国化——一个穿着可口可乐招牌的红白两色、挺着发胖的肚子、白胡子白头发的老祖父模样的老人。这个亲切的形象将笑声和慈爱带进了千家万户,带到了大人和孩子的心中。每年圣诞节,都有一辆满载着免费可口可乐饮料、打扮得颇具圣诞风情的卡车在各个城市间穿梭(见

图 11-12）。

图 11-12　圣诞海报

3. 本土化策略

可口可乐，一个具有代表性的世界文化符号，凭借其强大的实力雄踞全球。可口可乐在走向世界的过程中，并未向全球传播美国文化、灌输美国思想和价值观，而是因地制宜，结合国家和地区传统文化的特点，打造地域本土化特色品牌概念。可口可乐在中国的本土化策略就是一个成功的案例。

1927 年，可口可乐首次进入中国，与著名的屈臣氏汽水公司合资生产。并在 20 世纪 40 年代末成为可口可乐在海外的最大市场。

在 20 世纪 20 年代可口可乐公司初入中国的时候，Coca-Cola 被翻译成了"蝌蚪啃蜡"，中国老百姓一看这名字，纷纷猜测这带着一股中药味的黑乎乎的冒泡汽水似乎跟蝌蚪有什么"不解之缘"，于是谁都不想当那个"第一个吃蝌蚪的人"。面对这种情况，可口可乐高层立即公开登报悬赏 350 英镑征求中文译名。当时身在英国的一位上海教授蒋彝看到这则消息后，以"可口可乐"四个字击败其他对手，拿走了奖金。这"神来之笔"为可口可乐打开了中国商业之门。这四个字生动地暗示出了产品给消费者带来的感受——好喝、清爽、快乐——可口亦可乐，让消费者胃口大开，"挡不住的感觉"油然而生。

1930 年，在中国出现第一位明星代言的海报，针对年轻人喜爱的风格，屈臣氏公司请上海广告画家设计了一幅"请饮可口可乐"的月份牌广告画（见图 11-13）。淡红的灯光中，一位身着华美衣裙的女子坐在酒吧的一角，优雅地轻握着一杯可口可乐，目光温柔流转，而画中人正是阮玲玉。当时阮玲玉正凭借电影《神女》和《新女性》蜚声影坛。

就像许多外国商人一样，可口可乐顺应了当时上海的风尚，这幅广告画大获成功，诱惑十足。借助阮玲玉的人气，可口可乐开始进入市民阶层，销量与日俱增，成为一种流行饮料。

图 11-13　"请饮可口可乐"广告画

1933 年，可口可乐在上海的装瓶厂成为美国境外最大的可乐汽水厂。

1948 年，该厂产量超过 100 万箱，创下美国境外销售纪录。

1949 年，可口可乐退出中国市场，但它始终在等待时机，随时准备第一时间重返中国。

1978 年，可口可乐重返中国。在当时复杂的国际形势下，可口可乐几经曲折终于在 1978 年 12 月 13 日与中粮总公司达成协议，采用补偿贸易方式或其他支付方法，向中国主要城市和游览区提供可口可乐制罐及装罐、装瓶设备，在中国设专厂灌装并销售。当时，纽约时报头版头条发布，终有一天，可口可乐会拥有比美国本土更大的一个市场——中国。

1979 年 1 月，中美正式恢复邦交，首批瓶装可口可乐由香港发到北京。自此，可口可乐这种风靡世界的饮料获准进入消费市场。

1986 年，可口可乐第一个中国电视广告在中央电视台播出。

1986 年 10 月，英国广播公司拍了一部纪录片，中央电视台想买这个片子播放，于是找到可口可乐，希望对方能提供 20 万元的赞助费，回报则是在片子前后播放可口可乐广告。可口可乐一旦答应此次赞助，即可获得通过权威媒体直接面对消费者的机会，实属难得。权衡利弊后，可口可乐做了一个果敢的决定，用一年的利润来交换一次在央视露面的机会，这则广告向全中国传递出一个信息：可口可乐可以在中国市场光明正大地销售了。

从 1927 年的"蝌蚪啃蜡"到后来的"可口可乐"，从刚进入市场的销路不畅，到如今可口可乐在市场上的活跃。可口可乐的本土化策略一直有条不紊地实施，根据中国特色推出各种系列的饮料。

2018 年，可口可乐在中国推出全新福娃系列包装（见图 11-14），同年 3 月，推出全新城市系列包装（见图 11-15），包括 23 款城市罐。

图 11-14　可口可乐与福娃联名

图 11-15 可口可乐城市罐

以各个城市的地方特色为出发点,精炼出专属的城市代表字,并用简约时尚的设计风格融合地道的中国台湾意象,勾勒出城市居民不同的样貌(见图 11-16)。

图 11-16 可口可乐中国台湾罐

4. 家族化品牌

可口可乐是一家有悠久历史的公司,也是世界上成功的公司之一,但它正在重塑自身。尽管怀抱着最有价值的品牌,但其仍然在向所有可饮用产品领域进军。

可口可乐公司拥有汽水、运动饮料、乳类饮品、果汁、茶和咖啡等 160 种饮料品牌,是全球大型的饮料公司。可口可乐公司在每个国家的子公司都有一些当地的品牌,比如中国品牌"醒目"和日本的"酷儿"。

纵观中国可口可乐企业旗下品牌的 LOGO 可以看出,汽水系列保持一贯的纯色底,饮用水、果汁、咖啡、运动饮料的 LOGO 虽然不如汽水那么显眼,但仍有鲜明的品牌底色。整个品牌家族保持了良好的一致性(见图 11-17)。

随着生活质量的提升,人们愈发重视健康。可口可乐公司先后推出了一系列健康饮品,如健怡可乐、零度可乐、无糖可乐(见图 11-18),注重低热量、零卡路里、健康的特点,成功地使拥有"肥宅快乐水"称号的可口可乐转型为健康饮品。

图 11-17 品牌家族 LOGO

图 11-18 零度可乐

四、可口可乐与百事可乐的百年恩怨

"如果说，要在现实中找出一部类似《纵横四海》《大时代》这样充满戏剧性而又跌宕起伏的商战片的话，那么非可口可乐与百事可乐之间长达百年的对决莫属。"

1. "挑战者"百事

世界上第一瓶真正的可口可乐诞生于 1886 年，是一款治愈头疼的饮料，距今已有 134 年的历史。据说它的可乐秘方"7X"一直都保存在亚特兰大市银行的保险柜中，只有几个高层董事依次用钥匙才能打开，而且董事们还不能同时乘飞机，这些因素无疑赋予可口可乐一种神秘独特的气质。

12 年后的 1898 年，另一款可乐"挑战者"同样在美国诞生，正是由于与配方绝密的可口可乐在味道上比较接近，便借可口可乐之势取名"百事可乐"。不过，百事可乐宣称的功效却是治疗消化不良，这显然模仿了对手当年的营销策略。

但是,早出生的可口可乐其时已经占据了"天时",正是这一优势让可口可乐培育了一大批忠实的老顾客。时至 1921 年,美国正处在经济大萧条的漩涡中,大批企业或倒闭或愁眉不展,但可口可乐却抓住了这一机会,加强了自己品牌的渗透力。

这时的可口可乐已经垄断了碳酸饮料市场,在人们心目中形成了定势,百事可乐只能眼睁睁地看着别人的风光,自己却不见一点起色。更糟糕的是,由于经营惨淡,百事可乐在 1922 年和 1931 年分别提出过要把自己卖给可口可乐,但是只手遮天的可口可乐一点都不稀罕。

2. 百事的逆袭

当时的可口可乐如日中天,在碳酸饮料市场无人能敌,但是可口可乐并没有一口吞并微不足道的百事可乐,所以百事可乐在后来就有了反击的机会,并且让可口可乐惨遭"滑铁卢"。

20 世纪七八十年代,在美国南部城市,观众一打开电视就可以看到一则非常有趣的广告,这则广告正是百事可乐拍的匿名品尝可乐测试,内容是给顾客倒两杯无品牌标志的可乐,然后让顾客试喝后再判断谁的口味更好,结果呈现出一边倒的趋势,80% 的顾客选出来的口味更好的可乐,都是百事可乐。

很快,百事可乐便意识到这则广告的威力,并迅速在全美的电视投放。当时,可口可乐的 CEO 郭思达对百事的广告一开始并没有往心里去,但这则广告在美国经过几个月的狂轰滥炸后,局面发生了戏剧性的变化——百事可乐在美国的饮料市场份额由 6% 猛升到 14%,距离可口可乐仅差一个百分点。

可口可乐公司的 CEO 郭思达坐不住了,头脑风暴后,做了一个大胆的决定:要改变 90 多年未变过的配方。可口可乐历时两年完成新口味可乐的研发,并花 400 万重金进行口味测试,有 60% 的消费者认为新口味要比原来的好,52% 的人认为新可口可乐比百事可乐好。不过,事与愿违,可口可乐就是因为这个决定而败北。

百事可乐一直是可口可乐的模仿者,但可口可乐却掉过头来改变口味,这就等于承认了自己的口味确实不如百事可乐,这是一种倒退。新品上市的一周内,可口可乐每天都能接到 5000 个批评电话,不满意新可乐口味,随后几个月,更是收到超过 4 万封投诉信,其中有人甚至留言:"如果不想要老配方了,请卖给我吧。"信里附带了一张空白支票。

迫于无奈,公司不得不重新宣布恢复经典可口可乐的生产,新可乐草草收场。而令人讽刺的是,在可口可乐宣布新品上市的当天,百事可乐却给所有员工放假一天,似乎在表示今天是"胜利日",因为对手"投降了"。

到了 2005 年,百事可乐市值达到了 1108 亿美元,而可口可乐却只有 987 亿,这是双方在此前长达 108 年的博弈中,百事可乐第一次压过可口可乐。可口可乐也没有就此沉沦。随着急先锋内维尔·艾斯戴尔的上任,可口可乐提出了十年计划,又称增长宣言,以重振雄风。

2010 年,可口可乐第一季度净收益 16 亿美元,而百事可乐只有 14.3 亿,这份成绩单也让可口可乐扳回一局。随着时间的推移,双方又把战火烧到了欧洲、亚洲、非洲、澳洲等地,各有胜负,谁也没有占得很明显的先机。

3. 很难言和却彼此共存

可口可乐与百事可乐,始终像一对左右手,很难言和却彼此共存,这种较量犹如永不谢幕的百老汇戏剧,让人津津乐道(见图 11-19)。

早在 1963 年,可口可乐和百事可乐广告大战就拉开序幕:百事可乐推出了印象深刻的新广告:"动起来!动起来!你是百事一代!"百事可乐利用贴近生活的广告,赢得了 7500 万婴儿潮一代的支持。1979 年 6 月,面对百事可乐增长近 3 个百分点的严峻现实,可口可乐掀起了一场新广告运动:"它给我美好的感觉,它让我神清气爽,喝杯可口可乐笑一笑。"新的可口可乐广告把产品描绘成英雄,"可口可乐带来了笑容",获得巨大成功。

在 2000 年,由于百事可乐的消费者在总体上要比可口可乐年轻。百事可乐将自己宣传为"新一代的选择",让人"渴望无限"。在可口可乐强调自己的正宗血统时,百事可乐掀起了"新一代"的旋风,通过广告树立一个"后来居上"的形象,并把品牌蕴含的那种积极向上、时尚进取、机智幽默和不懈追求美好生活的新一代精神发扬到每一个角落,矛头直捣可口可乐死穴,可口可乐甚至被称为"你父亲喝的可乐"。

从口味到价格、从定位到广告、从营销活动到明星代言、从商业文化到包装变化,两大可乐巨头燃起的这场硝烟似乎永无宁日。

可口可乐			VS	百事可乐		
特许经营	深度分销	本土化广告		优化产业链	积极销售系统	个性化广告
价值链管理	分销渠道	广告策略		价格策略	良好的渠道	电视广告
与强者联盟	渠道管理	领导者定位		特许体系	灵活的促销	网络广告
饮料之王	多角化营销	识别体系		多元化产品	全明星阵营	年轻化定位
碳酸饮料	网络营销	品牌战略		饮料产品	音乐营销	品牌理念
非碳酸饮料	视觉营销	全球化扩张		休闲食品	借力体育	品牌识别
	体育营销	全球化原则		快餐食品	蓝色风暴	品牌宣传
		本土化行动		运动服饰产品		跨国经营
						拓展美洲市场抢占"真空地带"
						挺进欧亚国家

图 11-19 可口可乐与百事可乐的差异

五、小结

可口可乐作为一家已经经营130多年的企业，在摸爬滚打中锻炼了坚定的信念。面对经济萧条的国家，可口可乐以积极乐观的形象展现在大众视野，唤起民族的自豪感；面对百事可乐的挑战，可口可乐以强大的媒体营销策略，仍占据碳酸饮料界的泰斗地位；面对时代的发展，可口可乐以不断更替、与时俱进的创新思维继续向前。

可口可乐发展至今，已经在人们生活中占据着重要地位，从1886年诞生了第一瓶可口可乐到现在成为碳酸饮料业的巨头，可口可乐以独到的眼光，抓住每一个时机，渗透到美国乃至世界的每一个角落，成为跨越时代的百年传奇。

第12章

网易:"有态度,有情怀"的互联网公司

一、企业简史

网易是中国领先的互联网技术公司,利用最先进的互联网技术,加强人与人之间信息的交流和共享,实现"网聚人的力量"。网易始终致力于电子商务及IT产业的持续发展,同时也在努力促进中国人民的数字化生活。为了这个目标,网易把千百万的网民聚集在一起,实现资讯的共享,为用户提供更好的服务,为他们创造更愉悦的在线体验。

在开发互联网应用、服务及其他技术方面,网易始终保持业界的领先地位,并在中国互联网行业率先推出了包括中文全文检索、全中文大容量免费邮件系统、无限容量免费网络相册、免费电子贺卡站、网上虚拟社区、网上拍卖平台、24小时客户服务中心在内的业内领先产品或服务,还通过自主研发推出了一款率先取得白金地位的国产网络游戏。

在网易的发展历程中,有几个重点事件:1997年6月网易公司成立,公司正式推出全中文搜索引擎服务;1998年1月开通国内首家免费电子邮件服务,并且推出免费域名系统;2000年8月网易公司推出突破传统表现手法的全新电视广告"网易——网聚人的力量",呼吁更多人参与互联网发展;2001年12月网易公司推出自主开发的大型网络角色扮演游戏《大话西游Online》;2004年9月《梦幻西游Online》被评为"亚太数字娱乐峰会唯一重点推荐网络游戏"奖,"第二届中国网络游戏年会年度网络游戏金手指最佳创新"奖,"China joy杯最受玩家欢

迎的十大网络游戏"奖；2009 年，网易创始人丁磊宣布进军养猪业；2011 年 8 月推出轻博客产品 LOFTER；2013 年 4 月，网易云音乐正式发布。

二、产品服务

1. 门户网站

网易网站为互联网用户提供了以内容、社区和电子商务服务为核心的中文在线服务。2010 年 10 月，网易宣布将旗下新闻资讯类频道进行新一轮的页面改版，新版本首次提出"有态度的门户"的内容建设理念。

网易公司的内容频道为网民提供新闻、信息和在线娱乐服务。网易同国内外上百家网上内容供应商建立了合作关系，提供全面而精彩的网上内容，推出了多个各具特色的网上内容频道，表 12-1 为网易公司主要内容频道。

表 12-1 网易公司主要内容频道

网易公司主要内容频道		
新闻频道	财经频道	科技频道
视频频道	旅游频道	教育频道
房产频道	家居频道	应用频道
体育频道	汽车频道	娱乐频道
游戏频道	女人频道	读书频道

2. 电子邮箱

电子邮箱业务是网易公司最早开展的业务之一，经过 16 年的发展，已经成长为网易公司的核心战略平台。1997 年 11 月，网易自主研发了国内首个全中文的免费电子邮箱系统。2009 年 3 月，网易宣布进军企业邮箱市场。截至 2013 年网易旗下已有 8 个邮箱子品牌（163 免费邮、126 免费邮、yeah.net 免费邮、163VIP、126VIP、188 财富邮、专业企业邮、免费企业邮），网易邮箱用户数已达 5.9 亿。此外，网易公司的企业邮箱获得中国信息安全测评中心授予的 EAL2 级信息安全等级认证，网易成为互联网业界唯一获此认证的公司。图 12-1 所示为网易公司电子邮箱的登录界面。

3. 在线游戏

网易在线游戏在中国 MMORPG 游戏市场保持领先地位，是网络游戏自主开发和成功运营的大成者。正在运营的包括很受中国玩家欢迎的 2D 回合制游戏《大话西游Ⅱ》《梦幻西游》和《大话西游 3》，3D 固定视角、即时战斗制游戏《大唐豪侠》，全 3D、即时战斗制游戏《天下三》《新飞飞》等。

图 12-1　网易公司电子邮箱的登录界面

4. 软件服务

网易公司陆续推出了有关教育、金融、音乐、家居、博客等数十款软件，覆盖多个领域，主要内容及功能如表 12-2 所示。其中，以网易云音乐为主为大众所熟知，除此之外还有 LOFTER、网易新闻、网易公开课等也受到广泛好评。图 12-2 所示为网易公司特色软件服务的界面设计。

表 12-2　网易公司软件服务主要内容及功能

软件服务	内容及功能
网易云音乐	网易旗下首款移动互联网领域音乐产品，拥有百万首高品质正版歌曲
LOFTER	网易 2011 年 8 月下旬推出的一款轻博客产品
网易新闻	网易公司针对自身内容特色开发的新闻资讯客户端
网易公开课	网易推出的公益项目，以哈佛大学、耶鲁大学、清华大学等学校和机构的课程与讲座为内容，将课程翻译或制作后免费提供给网友
网易云阅读	网易推出的阅读应用，支持一站式阅读电子图书、数字杂志及互联网资讯。支持跨平台同步阅读、离线阅读和社交分享

图 12-2　网易公司特色软件服务界面设计

5. 网易味央

网易味央是网易旗下的农业品牌，其网站页面如图 12-3 所示。网易味央专注于提供高品质肉类生产及行业解决方案,通过创新技术引领现代农业革新,为消费者提供安全、美味的优质食品。自 2009 年网易创始人丁磊宣布进军养猪业而名声大噪,外界一直称之为"丁家猪"。

图 12-3　网易味央的网站页面

三、设计策略

网易公司的企业设计策略主要体现在明确目标用户、品牌定位与传播、服务为主导三方面。

1. 明确目标用户

从年龄构成和职业方面看,网易的用户年龄集中于 18-34 岁之间。目前,网易是中国大学生心目中较为重要的互联网品牌,对新富阶层的影响力居于第二位,也是他们多方面的意见领袖。当这些大学生成为未来消费市场的主力军,甚至成为新富阶层时,网易对他们的影响力之高不言而喻。由此可见,虽然网易所拥有的大部分用户相对年轻,但网易已经牢牢抓住了未来市场的先机。

2. 品牌定位与传播

网易在 2000 年推出了突破传统的全新电视广告,确定了"网聚人的力量!"的口号,呼吁同参与、共分享,并且在品牌传播中反复强调,让更多的受众知道"网聚人的力量!"就是"网易",这在品牌推广过程中起到一定的积极作用,品牌概念从而更加清晰化,用户数量逐年增长。在之后多样的服务发展中,也致力于明确品牌定位,围绕产品标语,营造愉快、时尚、充满人性化的品牌形象。

3. 服务为主导

网易的服务是多样的，内容丰富的门户网站和大型免费邮箱是网易吸引前期用户的重要手段，大型在线游戏的开发让其拥有更多忠实用户，后期的软件服务更涉及多个领域。由此可见，网易准确把握住了目标用户的心态与特征，符合当代互联网人渴望展现自我，实现梦想的需求，起到了事半功倍的效果。

LOFTER 是网易公司 2011 年 8 月推出的一款轻博客产品。LOFT，起源于纽约 SOHO 区，代表高大而敞开的空间，具有流动性、开放性、透明性、艺术性等特征。LOFT 空间中，年轻人可以随心所欲地创造自己梦想中的家、梦想中的生活，丝毫不会被现有的框架束缚或限制。在网易，LOFTER 被重新定义为渴望在自己的空间中，创造、展示自我的一群人，他们对日常生活有着惊人的热情，擅长从生活中创造与发现美并以图片形式呈现与分享。LOFTER 面向的是各个领域的品质生活家与生活达人，摄影师、插画师、手作匠人、化妆师、穿搭爱好者、手账作者、健身爱好者、美食爱好者等，在 LOFTER 的自由空间里，每个人都能凭借兴趣，发现认同。因此，LOFTER 的品牌标语为"记录生活，发现同好"。

在确定目标用户之后，网易 LOFTER 坚定自己的品牌定位，即用标签连接一切兴趣，用多元连接大众。首先，LOFTER 的标签是综合多元的，它提倡泛兴趣，这令 LOFTER 拥有成为大众社交应用的可能。其次，LOFTER 的标签是灵活、细分的，从入门到深入，每个用户都能快速、简单地在其中找到自己感兴趣的内容。最后，LOFTER 的兴趣标签是不断变化的，讨论形式也不局限于图片、文字、视频，亦可以延伸到线下社交。

除此之外，在视觉端界面设计中，LOFTER 从信息系统、控件系统、布局系统、配色系统、品牌系统、推广系统等方面遵守统一的设计规范，围绕品牌定位，实现优良的用户体验。LOFTER 视觉规范的部分内容如图 12-4 所示。

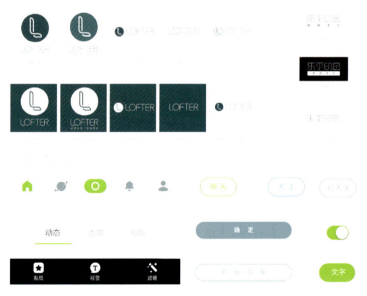

图 12-4　LOFTER 视觉规范的部分内容

四、设计基因

网易公司在 20 年企业发展中,不断尝试在新的领域突破创新,总的来说,其企业品牌基因都围绕"有态度,有情怀"理念,注重生活品质、创意与分享。具体以旗下的三个产品为例说明其设计基因的形成及体现。

1. 网易云音乐

网易云音乐作为音乐界的"黑马",与资深音乐应用 QQ 音乐有着很大不同,这里从市场现状、产品定位、产品特色等方面对比分析,说明网易云音乐的态度与情怀。

市场现状

QQ 音乐创建于 2005 年,进入音乐市场较早,凭借 QQ 庞大的用户基础抢占早期 PC 端用户。之后移动互联网盛行,QQ 音乐推出移动客户端,其传歌到手机等功能将 PC 端老用户顺利过渡到移动端。因其丰富的曲库资源,和用户已有的使用习惯,QQ 音乐用户量一直保持增长,用户活跃度保持较高水平。2015 年开始,QQ 音乐向产业链上游延伸,相继推出"新声.力量""MUSIC+"等计划,旨在挖掘音乐新人,营造从内容源头到消费者的直通车。2016 年 QQ 音乐与酷狗音乐、酷我音乐合并加入中国音乐集团(CMC)。

网易云音乐创建于 2013 年,此时各大网络音乐产品已竞相割据多年。云音乐抓住移动互联网崛起潮流以移动客户端进入市场,以音乐社交为产品亮点,另辟蹊径。网易云音乐良好的用户体验,使其在音乐市场分得一席之位,2016 年 7 月宣布用户量达到 2 亿。云音乐同样积极布局产业上游,2015 年 9 月推出"理想音乐人扶持计划",评选优秀音乐人,2016 年 11 月推出"石头计划",斥资 2 亿支持独立音乐人,提供七大子计划全力推广、宣传音乐人。

图 12-5 所示为网易云音乐和 QQ 音乐的下载量和用户满意度对比,从应用下载量看,正如前文所述,QQ 音乐入市较云音乐早,依托腾讯公司,用户基数大,用户量方面远超云音乐。但在客户端用户满意度上看,云音乐优势明显,用户体验较好。

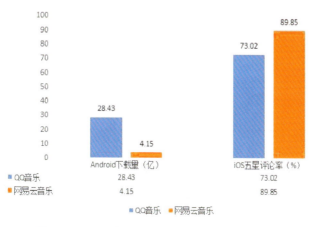

图 12-5　网易云音乐和 QQ 音乐的下载量和用户满意度对比

产品定位

QQ 音乐的产品定位是要做最大的网络音乐平台，面向不同年龄段的用户提出了"听我想听的歌"的标语。与 QQ 音乐不同，网易云音乐在版权和曲库上并不占优势，因此产品定位从音乐社区和发现与分享出发，面向爱好音乐、分享音乐并希望从音乐中寻找共鸣的用户，提出了"听见好时光"的标语。不同的产品定位决定了两者截然不同的优势与劣势，对两款音乐产品的 SWOT 分析如表 12-3 所示。

表 12-3　网易云音乐和 QQ 音乐的 SWOT 分析

SWOT	网易云音乐	QQ 音乐
S（优势）	良好的用户体验 社区氛围强 精确的推荐算法	曲库资源丰富 用户基数大 比较成熟的会员体系
W（劣势）	版权较少 曲库资源不足	产品结构复杂 用户体验有待提高
O（机遇）	版权互通共享的趋势 用户付费习惯逐渐养成	曲库资源是吸引用户的利器 用户付费习惯逐渐养成
T（挑战）	竞争对手强大，占据庞大用户 盈利模式比较单一	竞品差异化运营抢占 当前社会主流群体

产品特色

相对于 QQ 音乐丰富的曲库资源，作为后起之秀的网易云音乐在此方面并不占据优势，因此网易云音乐制定了多条"有态度、有情怀"的设计策略。

一是网易云音乐的音乐社交。云音乐主要通过动态、附近以及用户评论的方式促进用户间互动。评论区氛围较好，用户对歌曲评论"热心"。氛围好则用户更愿意分享评论，用户积极参与使整个社区氛围更好，形成一个正向循环。云音乐通过热门话题激励用户的分享行为，动态列表包含关注人的动态和其他用户的推荐动态，同时穿插推荐的歌手和用户。整个动态页面利用率高，在浏览的同时提高用户拓展社交关系网的概率，"音乐社区"的理念贯穿始终。网易公司 CEO 丁磊说："音乐是用来沟通灵魂的"，在网易云音乐，听歌是为了"看戏"，也是为了感同身受。图 12-6 所示为网易云音乐的部分歌曲热评。

二是网易云音乐的推荐算法。音乐推荐是创始人愿景最直接的体现，也是网易云音乐的主推功能和核心竞争力所在，备受用户推崇。推荐算法简单说就是在海量的用户数据（行为记录等）中对用户进行划分，对同一群体的用户推荐其他用户喜欢的音乐。这其中需要给音乐分类并建立评分细则，建立用户模型，寻找相似用户。基于用户的行为数据将歌曲分类匹配——实现"盲听"。网易云将音乐推荐分成三个部分：私人 FM、每日歌曲推荐、推荐歌单。

最怕一生碌碌无为，还说平凡难能可贵。

----出自网易云音乐《孙大剩》热评

我从未拥有过你一秒钟，心里却失去过你千万次。

----出自网易云音乐《再见二丁目》热评

十年前第一次和你说晚安，我激动的失眠了一整夜，十年后的今晚和你说晚安，不再失眠，但你的头压得我胳膊好酸。

----出自网易云音乐《晚安》热评

毕业前的一个晚上，我们宿舍的6个人默默喝了20多瓶啤酒。第二天起床，谁也没叫谁，谁先起来先静静离开。我闭着眼听着他们5个人全部走了，默默起床收拾卫生，打扫最后一次宿舍。下楼梯交钥匙给阿姨的时候流眼泪了。

----出自网易云音乐《凤凰花开的路口》热评

多数人25岁就死了，但直到75岁才埋。

---出自网易云音乐《杀死那个石家庄人》热评

我在最没有能力的年纪，碰见了最想照顾一生的人。

----出自网易云音乐《同桌的你》热评

图 12-6　网易云音乐的部分歌曲热评

三是网易云音乐年度听歌报告。图 12-7 所示为网易云音乐 2017 年度听歌报告的界面设计，总体来说，这份报告文案到位，数据直观，充满回忆，因而让人有分享的冲动。

图 12-7　网易云音乐 2017 年度听歌报告的界面设计

2.网易严选

网易严选，是网易自营类家居生活品牌 App，秉承严谨的态度甄选天下优品。"严"表示严谨的态度，"选"是甄选，甄选天下好物。网易严选的品牌理念为"好的生活，没那么贵"。

品牌模式

网易严选的品牌模式很简单，向有设计能力的厂商购买产品，买回来之后贴严选的商标。

—163—

网易严选这种模式的专业说法叫 ODM（Original Design Manufacturer），指的是有设计能力的制造商在生产出成型产品后，被品牌商贴牌买走。这种模式要求厂商有自己的设计能力，并且品牌商对制造商的设计能力进行严格把控。

ODM 模式是有明显利弊的。一方面，通过别人先出原型自己再去挑选的方式可以省去高昂的设计成本，平台只负责"选择"就可以了，不用过分纠结于某一款产品，不必受产品产能的拖累，产品战线得以大大拓宽，平台对商品也可以进行快速迭代。另一方面，生产商提供的产品多为其他品牌商旗下的贴牌商品，通过"某某同款"或者"某某制造商"的标语，平台可以以极低的宣传费用向用户证明自己的产品质量。在高品质（至少是高包装）的氛围里，所有的产品都去掉了品牌，又有了一个统一的品牌——平台品牌。

当然 ODM 如果真的毫无问题的话，其他电商也就早已紧随其后了。事实上，互联网+ODM 所面临的问题也同样突出。

首先是品牌问题，如此大张旗鼓地宣传"某某同款"在当前环境下其实是颇有争议的。关于这一点严选的口径是合理合法不违反规则，但我们可以看到，曾经闹得沸沸扬扬的"毛巾大战"其实给网易敲响了警钟——借势宣传虽然节省成本，也会面临着竞争对手与社会带来的舆论压力。其次是 SKU（库存量单位）问题，严选起初只有数百种 SKU，即便到现在产品种类也比不上一家沃尔玛超市。严选严选，重点在于"选"。受限于人力，平台没有办法在短期内同时推进多款产品上线。最后是发展模式问题，ODM 商今天可以把其生产的产品打上网易严选的标签，明天也就可以贴上别的标签，严选可以做到的事情，其他的互联网公司其实也可以做到。单纯靠 ODM 来运营对网易来说，并没有什么竞争壁垒，也无法保证企业的长盛不衰。

面对上述问题，网易严选其实也一直在推进自己的企业战略。先是打通了网易智造和网易严选，通过从智能硬件入局来拓宽产品线并打造智能生态链。接着，开启了原创模式，推出了黑凤梨系列。这点与云音乐有些相似，后者曾多次陷入侵权风波，之后才开始花力气做起了原创作者。现在，网易严选又跨界搞起了酒店，比力图进入酒店业的宜家还早了一步，在酒店大厅里放着严选的生活用品。

可以看到，严选正围绕着"硬件创局""原创保局""线下破局"这三大战略目标来构建自己的核心竞争力。通过已建立优势的智能硬件来吸引新用户，借助原创来摆脱"山寨"之名同时建立竞争壁垒，开设另类线下体验店增强品牌美誉度。

视觉设计

网易严选的品牌理念是"好的生活，没那么贵"。可以想象以下场景：躺在懒人沙发上悠闲地看着书，坐在窗边惬意地喝着茶，或靠在阳台上享受午后的阳光。用户不紧不慢，追求品质，享受宁静。因此严选官网上的产品都是宁静、平淡、简约的，如图 12-8 所示。其品牌关键字是：品质、生活、宁静。相应的设计语言体现在细节化、场景化、简约化。

图 12-8　严选官网上的部分产品展示

LOGO 设计

严选 LOGO 设计采用了小楷的刚柔互济，质朴平淡，一丝不苟，精雕细琢，表现出对产品的选择保持严谨的态度，对产品服务保持无限的追求。由于网易 LOGO 品牌色采用红色，从色彩心理学角度出发，红色易于识别且易于刺激购物，所以严选的 LOGO 颜色继承了网易品牌色。

从品牌色延伸出来一些其他颜色，以便适用在不同的场景中，如活动色、成功色、会员色以及不同程度的灰色，图 12-9 所示为严选品牌的 LOGO 设计和色彩设计。

图 12-9　严选品牌的 LOGO 设计和色彩设计

版式设计

严选 App 首页采用两栏布局进行设计，在内容的展现上做到适度克制，从而简化了内容，再配以浅色背景或者大面积的白色，把核心展示都留给了商品本身，整体给人简约、宁静的感受，不强制，不刻意。相比其他电商 App 火热喧闹的内容呈现，严选 App 从视觉上做到了较强的辨识度。

图标设计

在界面中，icon 图标是界面中不可轻视的一个品牌设计环节，也是造就品牌风格比较直接的方式。严选底栏 icon 的图标设计均以家居物品为原型而衍化而来，给人以场景感、真实感且生活化的感受，易于阅读且传达了品牌价值。严选 icon 设计以生活中日常的元素为原型，并采用手绘线条断开的样式，加上块状的阴影及修饰等元素，营造场景化及画面感，为品牌设计带来了一丝情感。图 12-10 所示为严选品牌的底栏 icon 设计。

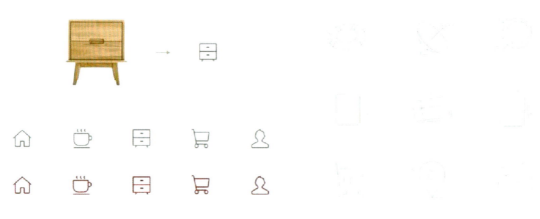

图 12-10　严选品牌的底栏 icon 设计

动画设计

在 App 中做动画设计的优势在于生动地传达品牌个性。

网易严选在登录页及明星商品页大面积留白的商品图上都加入了自然的投影，营造出简约的场景感、细节感。loading 的设计创意来源于打开包裹时，商品呈现在面前的惊喜感以及生活的仪式感。设计的思路是随着手向下拉，箱子缓缓打开，松开手的时候弹出"好的生活，没那么贵"的字样。这里寓意严选有你想要的商品，且品质及服务给用户带来惊喜，从而传达出品牌风格与价值。

图片设计

在图片设计中，用户界面既要体现品牌的气质及品质，又要保证页面不扁平，给人营造简约雅致之感，含蓄地表达了品质、生活、宁静的品牌战略。

电商最难的部分就是对商品图的控制，需要对每个商品图的角度、色彩都控制良好，网易严选对商品在页面的呈现也做了规范处理。一是所有产品放置在米字格内，分为大图、小图、迷你图，分别对应偏大、常规、偏小尺寸。二是产品角度以 15° 为变量单位，如 15°、30°、45° 等。图 12-11 所示为严选品牌的图片设计方法。

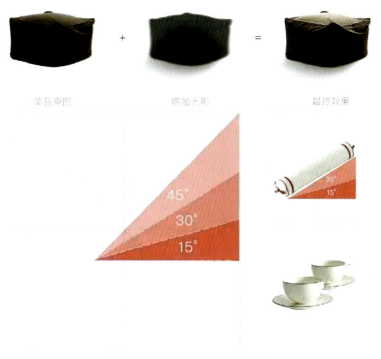

图 12-11　严选品牌的图片设计方法

从以上设计细节可以看出网易严选的 App 端视觉设计是为了突出商品品质特点，更注重细节、精致、简约和美。

因此，网易严选不论是在品牌模式还是在视觉设计方面都提出了"有态度、有情怀"的发展战略，首先网易严选是为消费升级，提供了"好生活"的高性价比平台，并且节省了用户购物时间和决策过程。此外，严选的品牌模式也为发现更好的中国制造提供机会。

但这也带来了一些问题，例如消费者对"大牌同款"的反感，以及快速扩张的商品属性，是否违背了节省购物时间的初衷等，都有待网易严选进一步优化。

3. 网易味央

在开始做味央品牌之前，创始人丁磊和味央的团队提出，养猪能否成为一个既能满足消费者口腹之欲，又能与环境友好相容，并且干净体面的行业？因此，他们通过三件事情回答了这个问题。

要一所房子，冬暖夏凉

猪场自规划之日起就有一个核心理念：幸福猪产放心肉。参照人类的标准，幸福就要吃得好、住得舒服，并且健康快乐。因此，建造一幢尊重猪的自然本性、同时又能实现大规模集约化饲养的猪舍，成为味央的首要任务，图 12-12 所示为位于浙江安吉的味央猪舍。

图 12-12　味央猪舍

味央请来了清华大学的专业团队，完成了 1.0 版猪舍的设计。虽然该设计已经超过目前传统猪舍的技术水平，但还远未达到味央团队的目标。在 1.0 版基础上，不断地实验、改进，味央设计完成了 2.0 版的猪舍。2.0 版猪舍闻不到臭味，看不到污水，颠覆了通常概念中关于猪舍的所有印象。具体实现了以下创新：

一是整体建筑是钢结构的，可以快速搭建而不产生粉尘。

二是屋顶涂覆了氟碳涂料，防水、耐高温、抗腐蚀，性质稳定。

三是生猪和母猪的猪舍是分开的。"母婴室"在上风处，成年猪在下风口，相隔近 500 米。娇弱的小猪会先在"幼儿园"里适应一段时间，再进入"成年人的世界"。

四是屋顶有两层，屋脊有气楼。双重开关控制着屋顶与室外、屋顶与室内之间的空气流动。风压作用将新鲜空气"吸"入猪舍内部，同时实现降温。空气出得去，雨水进不来。看上去密闭的猪舍里，其实充满了含氧量极高的空气，冬暖夏凉。而所有这一切都无须消耗太多能源，只是在建筑设计上最大限度地尊重并利用了自然环境。

让猪用上抽水马桶

图 12-13 所示为猪舍的一角是味央团队口中的"猪厕所"。乍看只是平地上的一个大栅格，像大号的下水井。但在猪舍边观察一会儿就会发现，黑猪们会定点到这个角落来上厕所，哪怕有其他黑猪上来挤推，它们也会稳稳站住，上完厕所再走。如果厕所暂时没空，后来的猪就会排队等候。

味央团队引导猪这样上厕所，还有更大的原因——集中收集排泄物，缩短排泄物在猪舍内的停留时间，始终保持猪舍的干净清洁。在栅格地板下面，是味央自主研发的设备——猪的抽水马桶。与人类使用的抽水马桶原理类似，通过虹吸作用把猪的排泄物吸入地下管道。

图 12-13　味央猪舍的抽水马桶

废水、废气、废渣，在环保处理中心经历沉淀、分解、过滤，最终以无害的姿态"重返人间"。废气净化后混合了氧气、氮气和二氧化碳，完全没有异味。废水净化为清水，单看水质指标，胜过饮用水标准。这些水用来冲洗猪舍和猪用抽水马桶，实现水的循环利用。废渣和污泥转化为生物肥，给猪场的农作物施肥，改良新开垦的田地。咖啡色的肥料像木屑一样松软，没有任何气味。

猪场所在的浙江安吉，是一个以青竹、白茶盛名的地方。味央团队从浙江48个备选地点中挑中安吉的这块地，成为安吉优越自然环境的一个佐证。于是，"不能破坏环境"成为地方政府、周边村民对猪场落户提出的首要条件，也是味央团队对自身提出的要求。数年过去，猪场以接近"零排放"的状态赢得了认可。

绿色饮食和智能化管理

在网易的猪舍里，安装着从德国进口的自动饲喂系统，管道里流动着精心调配的"大餐"——将各类天然谷物、蔬果、杂粮打碎后，混合着农场的深层地下水，搅成稠粥。为了让每头猪吃到的食物都一样浓稠，味央团队还在进口设备里加上了特殊螺纹，让饲料可以一边流动，一边被搅动。

网易的猪从此过上了饭来张口的日子。不同生长阶段的猪吃的是不同配方的食物，还能时常吃上猪场自产的栗子、番薯等时鲜货。

研究还表明，猪与很多哺乳动物一样，有情感需求。在听到音乐时，猪会心情愉悦。味央团队反复实验后发现，舒缓的轻音乐最符合猪的"音乐口味"。于是，猪舍里又装上了"音响系统"，在猪吃饭、活动时以及不同的猪舍，播放着不同的背景音乐。特别是在猪怀孕、妊娠、分娩以及小猪的生长阶段，听音乐效果犹佳。

网易味央将互联网思维根植现代农业，创造性地为食品安全、农业生产模式输出、农村就业等问题带来全新解决思路。在满足大众及专业市场需求的同时，让国人安心共享更高品质的生活。因此，网易味央秉承网易一贯严谨的态度，专注、创新、分享，致力于探索一条开放创新、持续友好的科学农业道路，为国人创造安心分享的品质生活。

总的来说，不论是从 LOFTER、严选、云音乐还是味央来看，网易是一家不固守陈规的企业。网易尝试在主流的思维与追求之外，从生活态度、生活品质出发，给渴望另一种生活体验（即互联网体验）的人，提供一份有态度、有情怀的产品或服务。

其实热门的互联网潮流网易几乎都参与过，包括即时通信、微博、招聘、在线电台，甚至工程师在线之类的垂直产品，而能在竞争中生存下来的就是情怀产品，也因此形成了特殊的产品基因。

五、网易趣闻

1. 网易镇厂之歌

网易推出的歌曲《浙江杭州网易互联网招聘了》受到年轻人认同，之后网易每逢大事都要唱此歌，并在网易云音乐中建立歌单"网易镇厂之歌"，而且以此作为广告。

2. 网易伙食

网易被人们称为猪场，不只是因为网易跨界养猪，创建了"网易味央"品牌，更重要的是平常的员工伙食非常好。员工餐厅内菜式品种繁多,而且一星期内不重复。此外坐车、喝咖啡、健身、娱乐全免费，此番待遇也招致无数业内同行的羡慕。

第13章
家,世界上最重要的地方!
——宜家

一、宜家简介

1. 宜家的诞生

1943年春天,年仅17岁的坎普拉德用父亲给他的奖学金在自家的仓库里成立了宜家。

宜家(IKEA)这个名字就是坎普拉德名字的首写字母IK和他所在的爱尔姆特瑞农场(Elmtaryd)以及阿根纳瑞村庄(Agunnaryd)的第一个字母的组合。

起初,从火柴到钢笔,宜家几乎什么都卖,后来,他决定集中精力从事家具制造。1956年起,宜家开始通过邮购来出售所谓的"可拆卸家具",它们需要消费者自己动手,将寄给他们的组件进行拼装。

两年以后,宜家的第一家门店在瑞典南部的小镇阿姆霍特(Almhult)开张。1965年,第一家旗舰店在斯德哥尔摩南边的昆根斯库瓦(Kungens Kurva)开业。1973年,在瑞典境内、斯堪的纳维亚地区以外的第一家店开张,事实上,在整个20世纪70年代,欧洲境内的其他连锁店陆续开张。到了20世纪80年代,宜家开始面向世界展开扩张。与此同时,一种复杂的公司架构逐步展开。

经过70多年的发展,现在的宜家家居已经成为全球最大的家具、家居用品供应商,也是世界500强企业之一。从创立之初以邮购的方式销售钢笔、皮夹、画框、装饰性桌布等低价格产品起,到自己设计并向全球市场销售家具,宜家创造了无数个商业奇迹,目前门店遍布28个国家及地区,在全球43个国家和地区设有分支机构。2015财年,集团净收入达到319亿欧元(约合人民币238亿元)。

2. 宜家创始人：英瓦尔·坎普拉德

1926年,宜家的创始人英瓦尔·坎普拉德（Ingvar Kamprad,1926年3月30日—2018年1月28日）生在瑞典南部的埃耳姆哈耳特（见图13-1),父亲是农场主。1943年,英格瓦17岁时,父亲送给他一份毕业礼物——帮助他创建自己的公司。

图13-1 英瓦尔·坎普拉德

坎普拉德的前半生

1896年冬,一位衣着考究,刚刚移居到瑞典的德国老头翻看着手中的《狩猎杂志》,猎狗在他脚边打转。他很快被一副印刷精美的地产广告插页吸引,一座离城镇不远的400公顷豪华庄园正在待售。老头很快联系上了卖主,用手头的积蓄买下了这块地产。

一年之后,老头无力经营这块广袤的庄园,被银行拒绝贷款的他,选择用猎枪结束了自己的生命。这位老头就是宜家创始人的祖父。

坎普拉德的祖上是德国的名门望族,他祖父的母亲的表哥就是大名鼎鼎的魏玛共和国总统兴登堡。

坎普拉德就是在这个祖父盘下的庄园里长大的,祖父用生命为坎普拉德留下了"成由勤俭败由奢"的宝贵历史教训。从5岁开始,坎普拉德便开始在街头兜售他从小河里捕捉的小鱼小虾,与别的孩子不同的是,他并没有将挣到的硬币立马换成糖果,而是放在储蓄罐里攒着,在进城的时候买入上百盒火柴,再回到镇上当起卖火柴的小男孩。较早就展现出了商业天赋。坎普拉德从小患有阅读障碍症,因此父亲总是用奖金激励他好好学习,这成了后来宜家的启动资金。

宜家成立最初的五年中,产品仅限于圆珠笔、桌布、撕不破丝袜这类人民群众喜闻乐见的日用品,销售的形式也局限于邮购。

坎普拉德核算了通过邮政寄送产品目录的邮费,想出了个更绝的招数,将产品目录塞给送奶员,以远低于邮费的成本,将产品目录传到了千家万户（用今天时髦的话说,就是大大降低了流量成本）。

1948年,坎普拉德将家具纳入宜家的产品目录,日后这成了宜家的核心产品。

1949年，坎普拉德在一家全国性农业报刊上打出"没有中间商赚差价"的口号，这一口号也被许多后来者效仿。

1950年，坎普拉德发起拒绝运输空气运动，将家居设计成平板可折叠式（见图13-3），由顾客自己开车运回家后组装。这是宜家成功的关键性一步，一方面大大降低了国际运输成本（坎普拉德低价销售产品因而遭到瑞典家具制造商的联合抵制，随后坎普拉德将加工业务转移至波兰等国），另一方面也将原本应由厂家承担的安装成本转移到顾客身上，变相降低了产品的成本。从此坎普拉德开启了他壮丽的人生。

图 13-2 宜家始于这里

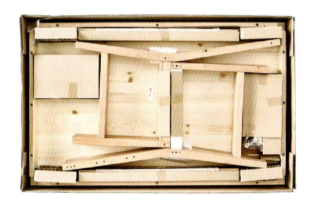 

图 13-3 宜家折叠式家具

3. 宜家发展简史

1943 年，英瓦尔·坎普拉德创建了宜家公司。

1947 年，宜家第一则广告出现在当地报纸上。

1948 年，宜家进入家具产品领域。

1951 年，第一本宜家目录出版。

1953 年，家具展销厅在 Almhult（阿姆霍特）开放。

1955 年，宜家开始设计自己的家具。

1956 年，宜家开始试用平板包装。

1971 年，库根科瓦店在大火后重新开业，开设第一个商场内部仓库以方便顾客自选。

1973 年，斯堪的那维亚以外的第一家商场在瑞士苏黎世郊外开办。

1974 年，在慕尼黑开办德国第一家宜家商场。

1975 年，在澳大利亚开办第一家宜家商场。

1976 年，在加拿大开办第一家宜家商场。

1977 年，在奥地利开办第一家宜家商场。

1978 年，在荷兰开办第一家宜家商场。

1980 年，KLIPPAN（克利帕）沙发诞生。

1981 年，在法国开办第一家宜家商场。

1982 年，LACK（拉克）搁板诞生。

1983 年，第六千位雇员加入宜家。

1984 年，在比利时开办第一家宜家商场，斯德哥尔摩家居系列诞生。

1985 年，在美国开办第一家宜家商场，Niels Gammelgaard 设计了 MOMENT（莫门特）沙发。

1987 年，在英国开办第一家宜家商场。

1987 年，在意大利开办第一家宜家商场。

1990 年，分别在匈牙利和波兰开办第一家宜家商场。

1991 年，分别在捷克共和国和阿拉伯联合酋长国开办第一家宜家商场。

1993 年，宜家在 25 个国家共开办 114 家商场。

1994 年，KUBIST（丘比思）储物单元诞生，这是宜家最早使用框架板制造的产品之一。

1995 年，Richard Clack 设计了 DAGIS（达杰斯）儿童椅。

1996 年，在西班牙开办第一家宜家商场。

1997 年，宜家开设儿童部。

1998年，在中国上海开办第一家宜家商场。

1999年，宜家在世界上四大洲的150家商场共有员工53000名。

2000年，在俄罗斯开办第一家宜家商场。

2001年，宜家自己的铁路公司——宜家铁路（IKEA Rail）开始运营。

2003年，宜家获取了110亿欧元的销售收入和超过11亿欧元的净利润，成为全球最大的家居用品零售商。

2005年，全球最佳品牌榜上，宜家排名42位。

2012年，宜家净利润超过25亿欧元。

2014年，宜家收购美国伊利诺伊州一座在建的风电场。

4.IKEA的组织构架

扁平化的组织管理结构（见图13-4）使得宜家设计、采购、生产、销售等各个环节被安排得井井有条，不仅提高了管理效率，而且在跨国的内部交易中也能合理地避税，降低管理成本。

图13-4　IKEA的组织管理构架

5.经营模式

不同于传统的"前店后厂"经营方式，宜家抓住了产品设计和销售这两个利润回报最大的环节，同时将服务融入销售环节中，其余的利润回报较低的环节如生产制造、物流运输基本采用外包的方式完成产业链的协同（见图13-5）。其经营模式可以总结为以下几点：

① 独特的研发设计；

② 最佳的采购模式；

③ 标准化的物流运输；

④ 体验式的营销策略。

二、宜家的产品设计

1. 商业理念 & 产品系列

宜家的商业理念是提供种类繁多、美观实用、老百姓买得起的家居用品。

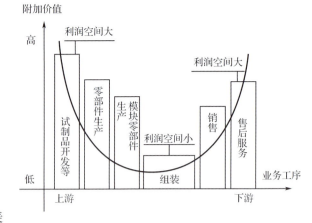

图 13-5　IKEA 的经营模式"微笑曲线"

（1）为大多数人创造更加美好的日常生活。

（2）为尽可能多的顾客提供他们能够负担起的、设计精良、功能齐全、价格低廉的家居用品。

在大多数情况下，设计精美的家居用品通常售价昂贵。从一开始，宜家走的就是另一条道路。他们决定站在大众这边。这意味着响应全世界人民对家居用品的需要：满足不同品位、梦想和收入的用户改善家居日常生活的需要。

生产精美的家具并不难：只要不计成本，即可办到。以低价格生产美观、结实耐用的家具就不那么简单了——这需要另辟蹊径。这是关于寻找简单的解决方案和在流程的各个节点上节约的问题。

宜家销售产品类别主要包括座椅 / 沙发系列（见图 13-6）、办公用品、卧室系列、餐厅系列（见图 13-7）、照明系列、纺织品系列（见图 13-8）、炊具系列、房屋储藏系列、儿童产品系列等多个产品。

图 13-6　沙发系列

图 13-7　餐厅系列

图 13-8　纺织品系列

2. 黄蓝两色的语言学

商标是宜家最知名的民族符号，这一点毋庸置疑。单从视觉上评价品牌的特性，宜家商标由黄蓝两种颜色组成，与瑞典国旗的颜色一样，当然，这并非巧合。大多数人认为，商标的样式设计是品牌视觉识别最重要的方面，正如米尔顿·格拉瑟（Milton Glaser）贴切地总结道："商标是品牌的一道门。"

通常情况下，从商标的样式设计里可看出企业的某些特点。例如捷豹汽车上那只跳跃的美洲豹表明了该公司的汽车拥有美洲豹般的速度与风度；花花公子的兔子商标很容易让人联想到该杂志的主要内容是"性"，明亮的眼睛、酷酷的领结，表明其时尚和地位。人们不会将花花公子的兔子与沃尔特·迪斯尼里的兔子混淆。大多数商标的风格都简单明了。

宜家商标的意象主要关于瑞典。1984年，蓝黄两种颜色取代了红白，店内被涂成蓝色，墙面绘有黄色商标，员工制服也是这两种颜色的。蓝底黄色商标，该标志的产品名称包含了a和o的字母，这听起来有点北欧风情。

产品的名称有着特殊的命名规律：沙发与咖啡座以瑞典地名命名，纺织品以丹麦地名或女孩名字命名，灯以大海、湖泊等名字命名，床以挪威地名命名，地毯通常以丹麦人名字命名，椅子以男孩或芬兰人名字命名，室内家具以斯堪的纳维亚岛屿命名，儿童产品则以形容词或动物命名。

宜家的另一个国家象征符号是食物。宜家不仅销售家居用品，同时也是瑞典最大的食品出口公司。宜家餐厅不仅提供肉丸子，食品区的货架上还摆放着甜面包干和腌过的青鱼。1959年，宜家的第一个餐厅开张，一直到1983年，菜单上还有瑞典的标志性美食——番茄汁肉丸子。其他许多国家也有肉丸子，但瑞典的肉丸子像神话一样，在全世界首屈一指。

某些宜家餐厅提供当地特色菜肴，但全世界大部分宜家餐厅菜单都一样，这种做法有利于店内食品部的发展，它被称为"瑞典食品市场"，售卖各种瑞典特产。2006年，该公司新推出了一系列的食物，以瑞典名字命名，其中包括特别的本土化食材，如接骨木花饮料、莳萝味鲱鱼、酥脆面包干等。食品部以瑞典菜肴和点心为特色，有很多瑞典传统食物,而不仅只有肉桂面包,。

3. 研发产品，靠神奇的"产品矩阵"

宜家每年要开发约3000种新产品。新产品是如何诞生的呢？宜家有十一个业务部门，都以三年为一个工作周期，规划当年、第二年和第三年的产品营销。换言之，他们每一年都得兼顾三个年度目标。其中，当年的重点工作集中在现存产品的销售，特别是出现在当年《宜家家居指南》上面的产品。因为，那是宜家对顾客做出的承诺。同时，第二和第三年度的产品计划和开发还必须得做。

在宜家，开发一件产品平均耗时两年。对于某些产品来说，耗费的时间似乎太长了，比如一个普通的烛台，一把厨房用的椅子，或者一张地毯。但即使宜家这种企业，也无法摆脱程式化办公所造成的缓慢惯性。显然，新兴企业的活力和创造力在这里不是经常可以看到的。宜家产品始于20世纪60年代的阿姆霍特，这些年来，产品开发机制变得僵化守旧，制定了太多的传统规则，甚至变得怀旧起来。

所谓的"家具产品矩阵"，将家具产品以不同的风格划分成几种潮流，每类产品按风格和情调分成四大类：一、乡村风格，被英瓦尔称为瑞典农民的家具风格；二、斯堪的纳维亚风格，浅色调的北欧家具；三、现代风格，在欧洲大陆比较受欢迎；四、瑞典潮流风格，色彩比较俗艳，造型极为奇特。这种分类的基本理念是，顾客能够从宜家挑选到独特风格的家具，然后自行混搭，搭配出乡村风格，或者流行风格，或者顾客自己喜爱的个性家居风格。

四种风格的家具由四个层次的价位组成：高价、中价、低价和超低价，超低价用宜家自己的语言来表达，就是"心跳价"(breath-takingiem，简称BTI)。四种风格和四种价位便形成了一个产品矩阵。宜家业务部的人会根据产品矩阵，寻找有待补充的空当，即产品研发的薄弱环节。比如，乡村风格的咖啡桌，超低价的位置出现空白，那么就得赶紧推出。时间很紧迫，说不定竞争对手已经开始低价推出同款产品了，因此，要不惜代价。

简要概述所谓的"心跳价"产品，是产品矩阵中的另一个维度，在产品系列中的作用非常特殊。"心跳价"产品是最普通的，每个品种都有几款。一般有咖啡桌、花盆、各式织品，价格非常低廉，顾客很难不动心。这些产品被称为低价签商品，因为这种商品都一律贴上红边的黄色价签，十分醒目，以此加强顾客对其低价信息的认识。但是一般情况下，每组矩阵中只允许有一款"心跳价"产品，否则会适得其反。

这类产品也许是宜家所有产品中最具特色的，其在每个系列中都相当罕见，如果遇到强有力的竞争对手，宜家就会推出这类产品。比如，20世纪80年代是镜子的时代，几乎人人都想拥有一面配上黑色或者铬黄色外框的方镜子。宜家一开始推出了ALG牌的装框镜子，但最后在价格上输给了瑞典那些在加油站便宜售卖这种镜子的商店。宜家于是推出了与ALG类似的品种，尽管品牌名称不是ALG，而是ONS。一般来说，如果推出价格更加低廉的同类产品，就不会再次选用同一品牌名称，否则，会使主要产品的商标名受到负面影响。这款后来生产的镜子尺寸更小，设计简洁，价格极为便宜。很快，加油站商店里的镜子就卖不出去了。但是，ONS也很快从产品架上撤了下来。于是，只有原先那款经典的ALG镜子独自散发迷人的魅力。

另一件"杀手锏"产品要数20世纪90年代的节能灯。由于节能灯厂商为了共享专利权，组成了商业联盟，早就为这种灯泡制定了全球统一价格，每只售价在200～250瑞典克朗之间（约合180～210人民币）。普通灯泡每只仅售2～5瑞典克朗。一个家庭需要30～35个灯泡，试想，如果都用上节能灯，那么，它为环保所花费的钱会高得惊人。坎普拉德因此催促灯泡研发团队寻找一家能够规避专利技术又将事情办得合乎情理的中国供应商。很快，他们找到了这样一家供应商。坎普拉德其实并不是要从这种灯泡中获取利润，因为，这些灯泡都是以成本价出售的，而是为了树立环保宜家的好形象。实际上宜家也从中赢利颇多，主要是在采购和物流环节获利。宜家从供应商那里把所有产品全部买下，换取超低价格，再以每只20瑞典克朗的价格出售，对整个灯泡市场造成极大的冲击。

紧接着，所有比较大型的零售商也都跟进。节能灯大王比尔泰玛（Billtema）也只能亦步亦趋，艰难地跟随在宜家后面。

宜家的许多经典产品，都有三十到四十五年的历史了，比如POANG扶手椅、BILY书架、IVAR储物柜。这些大型家具几乎都具有收藏价值。宜家是不会抛弃经典产品的，即使有更价廉物美的类似产品。

诚然，这类家具最初是模仿之作，但属于创意性模仿，结果仿品成了原创。这就是宜家强劲的对手也有类似产品的原因，不仅如此，他们的价格往往更加低廉。为了避免在竞争中因价格而处于劣势，20世纪80年代坎普拉德采取了一个办法：每推出一件经典款产品，就同时推出另一件产品。后一件产品有一个奇怪的绰号"小心背后"(watch-your-back"),简称 WYB。相比之下,这款产品尺寸较小,材质较差,外观一般,功能不强,但极为便宜。这些年里,这类产品来去匆匆,很难说它们像二十年前一样达到了自己的目的。因为现在宜家经常在价格上输给对手,这类事情简直是屡见不鲜。

显然,似乎有点奇怪的是,像宜家这样一个家居业界的巨头,因为要一再维持市场最低价,也有走不出困境的时候。十五年前,这种现象是很罕见的,但是现在却是一个普遍的问题了。家居这个行业,停滞不前是致命的。过去不存在这种现象,而现在,似乎没人有坎普拉德的战略雄才,尤其在产品开发这一领域。而在其他很多领域,他又留下了很多的空白。根本问题是,宜家必须从每一个价值链中获利:采购、配送、产品开发以及门店销售。即使产品成本大大增加,门店仍然希望产品销售价格比市场同类产品至少低 10%(莫伯格任总经理的时期就采用这种销售策略)。但竞争对手的成本价格并没有上涨。显然,这种销售策略变得越来越困难。因为,宜家在成本增加的同时,它的对手也在不断向前。坎普拉德将利润视为价值链的核心。20 世纪 70 年代,坎普拉德曾提出九大主张,作为宜家文化的基础内涵。其中对于利润,坎普拉德的阐释是,"利润是很有益的,利润是促进公司发展壮大的手段"。然而,竞争的加剧很可能迫使宜家采取不同的行事方法,减少公司每年赚取的额外利润。

所谓的额外利润要依赖一种复杂的商业经营模式,使价值链的每个环节都产生利润,但其条件是竞争对手都还处于弱势。现在情况已在改变,这样的利润率是难以为继的。不过,今天的家居市场现状是家居企业各据一方,零打碎敲,还很难真正对宜家构成直接威胁。

即使是塔吉特和家得宝两大家具巨头,其主要市场也在北美,与宜家市场的重叠度也是有限的。

"产品矩阵"神奇在哪里?

利用家具产品矩阵来发现产品研发的空白和疏漏无疑是宜家最具创新性的竞争优势,具体体现在三个方面。

第一,每种家具风格中衍生出不同款式的家具组合,使每个业务区比较容易发现一个系列还需要哪些款式的产品,从而及时反馈给设计师。因此,一种风格便有很多不同的款式。以前,宜家的做法是从供应商处拿货售卖(也就是说,供应商自己开发产品,并按照风格陈列在不同的展场内)。也许有人还记得 ABO 系列家具,有床、五斗柜、书架等。通过平庸的设计、吝啬的用料降低价格,其实都是失败之策。因为,大大小小的竞争对手都会生产出仿制品,为争夺顾客大打价格战,市场价格也随之直线下降,宜家从来都不是这种价格战的赢家。ABO 的理念是,每个家具经销商逐渐通过节省木材、油料、配件来降低产品价格,以此打造价格战中最具竞争优势的产品。由于产品没有品牌,便不受商标注册保护。同款产品的区别只在于价格的不同。很快,市场可信度受挫,产品质量也变得越来越糟糕,成了粗制滥造的"农户家具"。坎普拉德经常很不屑地称之为"不值钱的家具"。但不得不指出的是,"农户家具"成了当时最为畅销的家具之一。

为了避免 ABO 家具走到尽头,宜家推出了两款独特的乡村风格的家具:LEKSVIK 和

MARKOR。它们直接在 Swedwood 工厂车间开发，从设计到产品上架，只用了五个月的时间，相当于一般产品生产过程的六分之一。主要原因除了团队成员善于合作之外，还有当时的工厂几乎没有其他活可做，同时有大量的杉木可用，杉木比松木便宜很多。杉木的缺点是木材上有很多的瘤节和孔洞，还有各种斑迹，很难制作出宜家经典家具所呈现的表面洁净的效果。但这一难题以及其他的问题都一一得到了解决。只需在胶接处的表面刷一点深色油漆，就会有一种做旧效果。家具的每一细节都要经过设计师、开发人员、生产技师的分析，以便最大限度地利用材料，将价格降至最低。家具的侧面和背板材料做得很薄，但四角和顶部用的却是厚料，给人以结实坚固、质量上乘的感觉。最后到顾客手里时，其价格是 895 克朗（约合 810 元人民币），只有竞争对手同类产品价格的三分之一。

LEKSVIK 家具系列的灵感来源于古斯塔夫（Gustavian）时期（瑞典的新古典主义风格时期）逐渐被淘汰的家具。其中包括设计师卡瑞纳·本司（Carina Bengs）设计的书架，给人以柔美感。第一次讨论会上，卡瑞纳就从工作坊拿来了这款书架的原型做展示，大家似乎一眼就看出，这款书架将是下一件畅销款。当采购战略人员骄傲地告诉大家，这件产品能够以 995 瑞典克朗（约合 890 元人民币）的价格售出时，有人立即反问，为什么不能以 695 瑞典克朗（约合 620 元人民币）售出呢，即使这样还有钱赚。其他同事顿时恼火地脸红起来，说那是不可能的。他们的反应完全合情合理。因为，之前和他们一起讨论过书架生产的生产商说过，更低的价格是办不到的。但是，与几个低成本国家的生产商商讨几个月之后，他们却办到了。不过，同时他们也将产量提高了两倍甚至三倍，以便在以 695 克朗的价格销售时，门店仍有 10%～20% 的纯利润。虽然产品价格更低，产品的质量、设计以及生产商的生产并没有任何改变。这一点，宜家的竞争对手是完全不可能做到的。正是这一点，使得宜家这一座大型机器运转自如，生产的家具品质优秀、款式迷人、价格低廉，令竞争对手难以望其项背。

那么，ABO 跟 LEKSVIK 以及 MARKOR 之间的不同是什么呢？ABO 是一款普通的产品，款式很常见；其他两款则独具一格，至少设计上几乎是独一无二的。与 ABO 之类产品竞争的唯一方法，就是在尺寸以及配件上能省则省。LEKSVIK 和 MARKOR 的低价理念已经成为设计师设计纲要中的一个重要部分。这一理念通过寻找供货最廉价的供应商，并在工厂车间，由生产技师们的合作得以实现。

虽然这一切听起来很简单，但实际上，在短期甚至中期都难以完成。近年来，由于宜家集团要求达到设定的利润水平，产品价格已经开始上调，几乎接近竞争对手的价格了。这就意味着，曾经的"优势"已经不复存在。今天一件 LEKSVIK 书架的销售价格是 996 瑞典克朗，而不是 2001 年首次推出时的 695 瑞典克朗，涨了 43%。

当然，七年之间会有很多变化，不过，通货膨胀并不大。虽然市场上木材的价格已经随石油价格上涨到一个新的高度，但近年来，木材的价格又回落了下来。其间宜家没有调整价格，比如厨房家具、床垫和衣柜的价格都没有调整。

虽然宜家的厨房家具比起其他公司的厨房家具便宜很多，却仍给宜家带来超过 40% 的丰厚毛利！

第二，家具产品矩阵易于让顾客从相同风格的家具中做出选择，自行搭配组合。同类产品会有多种颜色，就是为了与四种风格的各种家具搭配。

宜家最优秀的家具设计师已经制定出家具的各项参数要求。清晰的参数，也使产品研发人员及其团队容易开发出外形更美、功能更强的产品。因此，研发人员对次年的家具开发不需要完全从头开始，也不需要更新现存的配色方案，一切都已在现有的文件中。也就是说，瑞典宜家总部能够自行设计并生产外观美丽、功能强大，而且极具价格优势的家具。开发过程始于采购战略人员，他们首先得为产品的低成本提供保障，这也是我们所熟悉的宜家商业理念。

第三，瑞典宜家总部每年都根据年度商业周期表运作。从年度周期表中可以看到每一年宜家要召开的决策论坛会议，包括会议的名称、时间、主持人、决策内容等，均有简略的描述。此外，它规定和安排了年度内产品开发的具体过程：从设计到模型制作，再到生产和销售预测，然后是印制《家居指南》，最后到门店销售。一切都井井有条，在周期表中进行了规划。

这有两大好处。首先，确定了每项研发任务的截止日期。如果在规定的期限内没有完成，或者根本没有做，便是一个严重的事故，将追究责任人，其未来职业生涯的发展将受影响。其次，对产品开发人员来说，便于在期限内及时中止现有研发流程，开始新产品的研发。如果产品已出现在宜家《家居指南》，但不能实现，同样会对承诺人产生负面影响，他们将来在管理层面前的可信度将会大打折扣。

4. 宜家产品的设计开发

产品开发团队总是以具体产品的立意开始的，比如一张咖啡桌。对此，开发团队已经有一些基本构想：方便消费者使用家里的影像设备，有收纳遥控器的地方，有为儿童考虑的四角，面板和底板都光滑圆润的桌子。此外，这款咖啡桌必须很便宜，因此，选材和用料上就得有选择。松木和杉木相对价廉，其木质特点易于让人联想到旧时的乡村风格，是这类产品的最佳用料。

只能在不显眼的地方节省材料，因为如果一看上去就显得廉价、不结实，价格再低也不一定能卖出去。于是，开发团队会把他们关于这款咖啡桌的种种构想罗列出来，拟定一个项目名称，比如 BOSSE。

项目的负责人，也是产品研发人员之一，接下来便会和设计师见面。他们可能是瑞典宜家总部的设计师，或者专为宜家做设计的自由设计人员。见面讨论之后，便会形成一份工作概要。如果概要做得不够全面，或者开发人员对产品的描述不够清晰，整个项目很可能会因此推迟数月。优秀的产品概要应包括对最终成品的外观和功能的详细描述，用文字表达的产品的属性和用途更胜于图样。也有一些产品研发者带着钢笔、设计图纸到会，但很快他们就明白了宜家的做法，有的就干脆溜走不做了。

第二次见面时，设计师会带来 BOSSE 咖啡桌的多张设计样稿。

大家可能会就其中的几个图样达成一致意见。设计师回去之后，会依据选出的那几张样图，对咖啡桌进行正式设计。理想的情况是，在 Swedwood 的工厂车间进行讨论，或者到另一个供货点去，因为那里有可供研究的模型以及其他相关材料和设备。这样做是为了避免会导致产品成本增加的任何错误。如果产品各个结构的尺寸不准确，整个成本预测便不准确，但现实中很少发生尺寸不合适的情况，即使工厂经理们可能会抱怨说，产品的设计很愚蠢。

不过，在阿姆霍特也有一个模型车间，这给那些不愿出远门的产品研发人员提供了便利。很快，BOSSE 咖啡桌的原型诞生了。

设计师绘制了咖啡桌的三维图形，说明产品的具体尺寸、配件以及拆装功能（以便让顾客可以根据需要自行组装）、包装特点，以便保证产品在物流搬运、装卸的过程中安全、高效，具有可操作性。

整个流程按照既定的详细计划进行，就算遇到种种困难，研发人员也必须克服。经过一轮筛选之后,有的产品会赢得更多青睐获得优先讨论的机会。研发人员会向大家介绍这款产品，一个由业务代表和设计经理组成的审查团做出裁决。如果 BOSSE 咖啡桌通过了这一关的严格审查，这件产品便会被送到董事会上。董事成员们将最终决定是否同意该产品的生产。

紧接着，进入产品命名阶段。有的名字取得真是独特，不得不让人惊叹。业务部在命名的同时，确定产品的货号。随后，产品名称、产品术语、产品货号被一一输入计算机系统，为该产品建立身份。

5. 宜家独特的价值链

宜家最核心的商业机制是量价关系，这是其他一切的基础。其价格结构非常简单，就是利用数量来谈价，即向供应商承诺采购数量可观的产品，然后要求对方给予价格优惠，并换取长期的合约。由于成本低，便可降低零售价格，因此，销售将不是问题。第二年宜家的订单又会大涨，然后取得更低的零售价。周而复始，凭借采购人员的沟通能力,宜家的机器得以顺利运行。自然，与其他创举一样，这种"价格—产量"结构是坎普拉德的杰作。

有段时间，有人批评坎普拉德，说他对供应商过于严苛，将供应商逼得破了产。其实还没有见过这种事情真正发生。只是在 20 世纪 90 年代，宜家开始全球化时，想把主要的业务从西方搬到东方，因此解除了很多与之有过长期合作的瑞典供应商的合约，转而与中国和东欧的供应商合作。为了恰当妥善地解决这一问题，不至于产生负面影响，他们做出了巨大的努力。这样的决定其实很难做出。但是,宜家的"价格—产量"之轮必须继续运转下去。这一次，宜家选择向东转移。

6. 为普通人民大众，创造美好的未来

坎普拉德作为宜家的创始人，并没有在追求企业利润最大化的前提下，忽略个人理想主义的发展。他追求一种企业家可以将追逐利润和财富，与建立永恒人类社会的美好愿望有机结合在一起的理想，从而为宜家无形地创造了一种理念——"为普通人民大众寻求幸福"。

一个公司必须目标明确才能积极影响为它工作的人。宜家就是这样的。

有研究表明，宜家的员工普遍认同自己是在为创造美好社会付诸努力，因此他们也更愿意为宜家工作。因为他们相信，自己的日常工作也是在为建设美好世界添砖加瓦。

甚至可以夸张地说，宜家的经营哲学是在为社会民主化进程做贡献。致力于为绝大多数的人民大众创造可以负担得起的优质美观且廉价的日常生活用品。

坎普拉德在很早以前就使用了"人民大众"或者"人民群众"这样的字眼。

宜家对民主化的贡献，除了在产品上生产普通人民大众负担得起的优质、精美、舒适、低廉的日常用品，它对落后国家的人们也有一定的贡献。

宜家在泰国的采购非常多，并在丛林中一栋陈旧的厂房中幸运地找到了愿意代工生产"贾斯特斯"（JUSTUS）帽架的一家小厂商。这种工厂在瑞典肯定不会得到政府部门或者环保机构的审批。记者肯定会拿这种工厂作为丑闻大书特书，电视台肯定也会搞一些专题曝光节目给它致命的打击。况且，在森林里建一个小工厂对自然环境来说确实也是威胁。那么问题来了，宜家是否应该尽快抽身事外从而回避这样的问题呢？其实宜家可以马上找一家更现代化的工厂，哪怕成本提高5%，但不会破坏环境，这是个很好的选择。但宜家选择了坐下来和工厂老板沟通，看是否有可能摒弃外界一切批判继续合作，而宜家将在这个过程中帮助工厂实现现代化。这是不是更好的选择？

宜家一贯反对在这类情况下匆匆逃离或者放弃。宜家的供应商不可能都是这种低层次的，但他们愿意和一些供应商长期合作，共谋发展，一起进步。

坐在家里凭空批评这些供应商不能达到西方社会的技术标准当然很容易。但怎样才能更好地推动进步，把事情往更积极的方向推动？是应该直接跑到丛林里跟那些泰国人说："听着，你们得先处理一下室内空气问题，换好点儿的机器，墙角那些装着有毒物质的桶能不能别漏了，都搞定了我们再回来跟你们订货？"还是说，应当试着帮点忙，一步一步慢慢来？很显然宜家选择了后者，没有坐在家里凭空批评那些供应商，而是试着帮忙，带着一起进步，带动周围人的经济收入，改善他们的生活环境。

三、宜家企业设计战略

1. 宜家文化——四十四年前的宣言

1976年，坎普拉德突发奇想，决心将过去几十年的斗争经验写成一份纲领性文件，这就是后来被宜家员工尊为"宜家"精神的《一位家具商的宣言》。

文件开宗明义，在前言里就写到创立宜家的宗旨——打破一小撮权贵阶层对家具设计的垄断，让尽可能多的人用尽可能少的成本用上设计精良的家具，从而实现人类家居生活的平等与民主化。

坎普拉德从九个方面总结了其价值观和愿景，它们已渗透到宜家文化的各个角落：

（1）产品系列——我们的身份；

（2）宜家精神，一种实在而强大的现实；

（3）利润让我们可持续；

（4）以小博大；

（5）简洁是一种美德；

（6）独辟蹊径；

（7）专注力——成功之秘诀；

（8）职责即特权；

（9）任重道远，前途无限。

这些写在《一位家具商的宣言》里的崭新理念，用瑞典斯莫兰方言，将中国古老哲学、人人皆知的常识和精明商人的独到见解完美地结合在一起。

作为一个零售商，全身心投入产品开发，不管是过去，还是现在，都将使他领先于别人。即便今天，家具领域的零售商也很少有人会彻头彻尾地开发自己的产品，他们大多从别人的货架上购买现成产品。宜家主张"我们卖的是宜家的"，意思是说，宜家的产品有自己的设计、功能和价格理念。宜家产品始终处于行业前沿，更清楚地说明了宜家理念的成功。一切由产品说话。在多年的海外扩张过程中，宜家始终坚持认为，以低价销售斯堪的纳维亚特色家具，对宜家至为重要。尽管在较为艰难的时期，引进日耳曼大型家具和不列颠装饰品作为新品销售要来得轻松，但是，假如背离了长期建立起来的身份标签，就会影响公司的品牌形象。

2. 人性化设计

宜家的产品追求：做以人为本的产品，关注生活每个角落。

在设计产品时，宜家将"人性化"作为第一位的考量，打造风格简洁、功能实用、更加健康的环保型产品，这为它赢得了最为广泛的市场需求。

很多家居企业都打出了"人性化设计"的口号，但能够实现真正的人性化设计并不简单，需要设计师在产品设计过程中仔细研究顾客的思维方式、人体的生理结构、家居生活的行为习惯等。真正的人性化设计能够让顾客在使用时感觉非常方便、舒适，并能够满足个人的情趣和爱好，令顾客产生一种愉悦感。宜家在设计产品时，产品的造型、色彩、使用的材质、功

图 13-9　赖尔多简易书柜

能等都要体现出人性化的特征。以赖尔多系列产品为例（见图 13-9），这套产品以白色的客厅、厨房家具为主，整体感觉十分纯净、简洁，没有过多的修饰，令人眼前一亮，摆放在家中可为家居环境增添一种恬静的氛围。如果细细欣赏，就会发现这套产品中不论是餐桌、书架还是茶几、电视柜，其每个细节都有独特的人性化设计。赖尔多书架采用了可调节的隔板，能够自由调节储物空间大小，除了作为书架使用，也可以摆放装饰品或其他物件；茶几的玻璃桌面下也是"别有洞天"，可以抽出一个抽屉状的空间，用来放置杂志和一些小物品，不仅让桌面更加整洁，还方便取用；餐边柜的背面还贴心地设置有电线槽，顾客可以将电线集中放置，而且柜门合页集成减震器，可以使柜门缓慢、轻柔地关闭，而不会发出引人不快的噪声。

这些匠心独运的巧妙设计无一不显示出了宜家以人为本的设计理念，每一个看似简单的创意，顾客在亲自使用后，都会体会到设计师的良苦用心。这些精巧细致的构思也让顾客大为赞叹，而这也正是宜家的产品能够让顾客心甘情愿购买的最重要的原因。

3. 开发多功能产品

图 13-10　罗特帕四季被

随着城市化进程的加剧，现代都市中小户型越来越多，人们倾向于减少零乱琐碎或笨重不堪的家具，对于多功能、灵活方便的家居产品的需求变得非常强烈。为了满足消费者的这种需求，宜家也在想办法开发各种多功能产品。比如宜家的罗特帕四季被（见图 13-10），就采用了多功能的设计理念——三被合一，一层是温凉舒适的夏季空调被，一层是中暖度的春秋被，如果用固定暗扣将两层组合在一起就成了一条温暖的冬季被。顾客购买这样的被子，可以一被三用，减少储物空间，而且这款被子由于添加了去潮湿材料和蓬松柔软的聚酯等，也很方便打理，能够长久保持干爽舒适。

宜家像这样多功能的设计还有很多，像内置无线手机充电器的台灯和小型书桌、兼具餐桌和书桌功能的桌子、可以挂衣服的椅子等，这些产品都能够满足那些不愿意在家中摆放过多家具的小户型消费者的需要，并能够使他们的生活更加高效、便利。

4. 利用所有能够利用的空间

除了不断开发多功能家居产品，宜家还巧妙打造出了很多产品，能够利用居室中最不起眼的空间，达到节省空间的目的。

像厨房中橱柜覆盖不到的地方，宜家就设计了收纳搁架产品，顾客可以在搁架上摆放锅碗瓢盆及各种杂物，既能让原本凌乱不堪的厨房空间变得井然有序，也能通过分门别类的摆放让使用变得更加得心应手。还有一种马尔姆屉柜（见图13-11），它本身体积较小，但可以充分利用上层空间，具有充足的储物格，而且顾客将柜页掀起时，会发现里面镶嵌着一面正方形的梳妆镜，镜子下方的储物格铺着保护性毛毡，顾客可以放心地将手表、首饰等容易损坏的贵重物品存放在里面，晨起化妆时的取用也很方便。

图13-11 马尔姆屉柜

5. 能够自由组装的家具

能够自由组装是宜家独特的产品理念，也是颇受顾客好评的做法之一。比起买固定的成套家具，很多顾客显然更喜欢亲身去构建一个属于自己的独一无二的家。而且宜家的产品都采用方便运输的平板包装，在包装内附带详细的组装说明和宜家的特殊工具以指导消费者自行组装，说明书上基本没有文字，但图片可以一目了然地展现整个安装过程，让顾客充分享受自己动手的乐趣。

当然很多顾客也可以按照自己的需求组装出自己更喜爱的家居产品，比如独立的利蒙桌面（见图13-12），宜家在设计时特别留下了用于安装桌腿的预钻孔，便于顾客进行安装。顾客可以随意为这款桌面搭配各种形状颜色的桌腿，以呈现出各种不同的家居风格。搭配红色变形桌腿看上去颇具艺术气息，适合浪漫风格的家居设计；搭配白色的不锈钢桌腿则更加大方、简洁，比较适合在办公室使用。

图13-12 利蒙桌面+蓝、红色桌腿

6. 适应大多数人的需求

很多家居企业在设计产品时常常出于华美精致的考虑，在设计上增加了许多精美的设计，或是采用特殊的材料制造独特的效果，这样的家居产品或许能够彰显风格，但却不一定能满足大多数人的需求，而且生产成本也会上升，售价更会水涨船高，对于中低收入阶层来说也很不适用。

宜家在产品设计的问题上摒弃了这种华而不实的理念，主张从大多数人的需求出发，设计功能齐全、设计简洁、样式美观、价格低廉的各种家居产品。产品的样式以大方、自然、易搭配的大众化风格为主，很少出现标新立异、奇形怪状的个性化设计；功能方面则力求实用，尽量去除繁琐的设计和不必要的功能。

就像宜家的创始人英格瓦·坎普拉德所说的那样，宜家要为大众创造美好的日常生活，而要做到这一点，宜家就必须从普通消费者的角度思考问题。正是基于这种理念，宜家从1943年在瑞典诞生以来，就一直坚持为大多数人服务、满足大众需求的方向，并一步步发展壮大起来。而在品牌影响力不断扩大的同时，宜家依然保持着本色，将自己的进步和人们的生活质量紧紧地连接在一起。

从1955年起，宜家开始设计自己的家具。最初只是为了应对商业竞争，防止供应商突然停止供货给企业带来巨大损失。但没过多久，宜家就发现自己从顾客需要出发设计出的产品，功能得到了更大的改善，顾客满意度提高了，而且成本容易控制，售价变得更低，市场竞争力反而更强了。比如一位名叫吉利斯·伦德格伦（Gillis Lundgren）的设计师在设计家具时，考虑到了厨房用到的简单、实用的储物格，觉得这样的设计会给顾客的生活带来方便，于是就想方设法将其加入其他家具的图样中，设计出了托勒（TORE）抽屉柜、毕利（BILLY）书柜、奥格拉（OGLA）椅子（组装版）、英格（INGO）餐桌、鲁纳（LUNNA）转椅等一系列产品。

图13-13　BILLY书柜系列

其中以诞生于1979年的毕利（BILLY）书柜系列（见图13-13）最为有名，伦德格伦也因此被称为"毕利之父"。这种多功能书柜样式简洁美观，通过自由组合可以呈现出多种高度、宽度、颜色，能够摆放在房间任何一个角落，与周围环境融为一体。书柜的功能也非常实用，每层隔板都是可以自行调节，顾客可以根据自己的需要制作出不同大小的储物格，这样不仅能够用来摆放书籍，还可以储放其他物品，为家居节省了大量空间。如果需要的话，顾客还可以搭配毕利系列的相同宽度的加高柜，这样就能更好地利用垂直空间，提升空间的利用效率。

无独有偶，当成本低、耐磨性高、易于处理的刨花板（木材或其他木质纤维素材料等经胶合加工而成的人造板）材料出现以后，宜家的设计师们马上想到用这种材料来制作沙发底座、靠背框架等，它能够降低产品成本，而且承重力好、耐污染、抗老化，更加环保，对于顾客来说更为安全实用。这种沙发投放市场后，果然大获成功。如宜家的一款图斯塔单人沙发（见图13-14），框架就采用了刨花板、实木、纤维板等材料，售价仅为599元。设计师们还同时设计了一系列色彩协调的外罩，顾客可以根据需要搭配并改变房间的风格，并且能够更好地保护沙发。当然，这样的例子在宜家设计中还有很多，设计师们总是先考虑大多数人对于产品美观、实用、价位低廉的实际需要，然后由此出发选择最适宜的原材料、样式和功能方案。在宜家，每一件产品都有其方便使用的优点，不存在华而不实的设计，这也是宜家与很多家居企业的区别所在。大多数顾客都能很方便地在宜家一站式购买齐全自己需要的家居产品，宜家充分满足了他们的各种需要。

7. 满足多样化的风格需要

简约、清新、收纳性和实用性强是宜家产品的普遍风格。具体来看，宜家为了适应不同顾客的喜好，在样式上又产生了一些多样化的细分风格，例如怀旧、实用、注重天然纹理的美式乡村风格，简洁美观、兼具个性化展现的北欧简约风格，带有欧式童话色彩、造型活泼、颜色鲜艳缤纷的斯堪的纳维亚风格等。而且宜家每个月还会推出大量新品，根据季节和消费者的喜好不断打造出全新风格的样板间供顾客参考。

图 13-14　图斯塔单人沙发

顾客可以在宜家选择自己喜欢的家居产品，进行个性化组合、搭配，打造出理想的创意空间，或是田园风，或是简约风，或是现代主义，或是古典主义，只要是顾客需要的，就能够找到适合搭配的产品，在满足顾客需求的同时又能激发顾客的主动性和积极性，吸引着他们自行创造出属于自己的理想生活空间。

不过，宜家的产品也不是无所不包的，功能过于繁琐、形式过于夸张、设计过于极端的产品就不可能在宜家找到，因为宜家想要满足的是大多数人的需要，百分百地满足顾客的需求固然更好，但是实际上是不可能实现的，简单、实用、大众化才是宜家一直坚持的理念。

8. 满足不同档次的消费需要

提供"老百姓买得起的家居产品"是宜家的经营理念之一，从创建伊始，宜家就坚定地与家居用品消费者中的"大多数人"站在一起，这意味着宜家要充分研究大多数人的消费水平，设计生产出档次合适的产品。

在欧美等经济发达国家，家居产品价格居高不下，而宜家提供的价廉物美、款式新颖、美观实用的家居产品赢得了中低收入消费者的欢迎。到了中国等发展中国家，宜家发现市场对于家居产品的需求非常旺盛，但众多厂商将注意力集中在低价产品和高价产品上，产品呈现两极化的趋势，大量城市中产阶级的需求却很难得到满足，宜家考虑到这一点，决定设计并销售"质量可靠、精美耐用、价格实惠"的中档产品，用超强的性价比吸引那些"对低档产品不屑一顾，但又买不起高档奢侈品牌"的中产阶级顾客。

正是因为产品定位合理，宜家在中国受到了顾客的欢迎，不少白领阶层都把用宜家的家具当成一种品位生活的象征。从1998年宜家进入中国以来，销售额一直保持着较高的增长速度，2018财年更是在中国实现了147亿元的销售额，2019财年销售额超过157亿元，会员总数超过1600万，中国成了宜家业务增长最重要的国家之一，在宜家全球战略中具有举足轻重的地位。

9. 用心打造儿童友好型产品

宜家把儿童称为"世界上最重要的人",致力于提供安全、可靠、益智、美观的儿童友好型产品。对于儿童产品的设计,宜家的设计师们可以说是绞尽脑汁,充分考虑到了每一个细节,以设计出最适合儿童特点的家居产品。早在1995年,设计师理查德·克拉克(Richard Clack)就产生了一个灵感,想要给好动的孩子设计一种安全、舒适而且容易搬动的椅子。于是他花费了大量时间,亲自和孩子们在一起玩耍、活动,观察不同儿童的坐姿,体会他们的需要。最后终于设计出了宜家著名的儿童椅——达杰斯(DAGIS)儿童椅(见图13-15)。这款椅子采用安全的材料制作出圆滑的体态,整体稳固,不易翻倒,很适合顽皮好动的孩子使用;椅子边角圆滑光润,具有一定的柔软度,不会碰破儿童娇嫩的皮肤。这款椅子在市场上投放之后,赢得了顾客的高度认可。

图 13-15 达杰斯儿童椅

尽管日后历经多次改进,最初的达杰斯儿童椅的样子已经不可考证,但现在宜家的儿童椅仍然保留了克拉克最初的理念:要给儿童一个安全、舒适的座位。并且现在的儿童椅在高度上更加适合不同年龄的孩子使用,而且适合叠放,以节省家庭空间,因而实用性变得更强了。

达杰斯儿童椅大获成功之后,自1997年起,宜家开始认真考虑开拓儿童市场。在当时的家居市场上,儿童产品还几乎处于空白状态。一般家居企业很少将重心放在儿童产品的研发上,不少企业虽然有儿童家居系列产品,但没有专门的设计团队,大多数产品只是自己品牌的成人产品的缩小版,在实用性上根本没有考虑到儿童的身体特点和成长需要。而且一般适合低龄儿童的产品比较多,适合8~12岁儿童的家居产品比较少。

宜家决定改变这种现状,致力于设计并销售儿童友好型的产品。在企业内部,宜家腾出人手、财力,组建起宜家儿童部,并邀请幼儿教育专家、心理学家、儿童游戏设计师等专业人才共同开发产品。因为产品是专门为儿童设计打造的,所以每一款产品都会在确保安全可靠后,邀请不同的儿童亲自试用。有时同一个主题会选出几种不同的设计方案,交给孩子们,让他们选出他们最喜欢的样子。

在这种情况下,宜家的儿童产品品种越来越丰富,包括床及床上用品、小家具、储物家具、儿童专用纺织品、灯具、餐具、玩具等多个系列。与此同时,在宜家家居卖场,专门的儿童区也被设立起来,除了有样板间展示各种各样丰富有趣的儿童产品外,宜家还设立了儿童游戏区,餐厅内还向儿童提供美味可口的小食品,让孩子们能够在宜家找到快乐,留下美好的体验。

在儿童产品的设计上,宜家最为关注以下几个方面的理念。

安全理念

儿童尚处于成长发育的关键阶段,身体各组织机能还比较脆弱,在为儿童设计产品时首先要考虑的就是最大限度地确保安全,避免任何可能损害儿童身体健康的危险因素。另外,儿童天性活泼好动,在设计时还要考虑到使用中可能出现的种种问题。2012年,中国专门出台了儿童家具的专用标准《儿童家具通用技术条件》,即"新国标",对于家具企业做了各种严格的规范。宜家对此非常重视,一直采用世界上最严格的安全标准测试所有产品,以打消消费者的顾虑。宜家的儿童产品使用的都是纯天然原材料或强化聚丙烯塑料等符合环保要求的原材料,无异味、无毒害,不会损害儿童敏感的呼吸道和皮肤。在2014年8月的一项调查,对国内几个大品牌的儿童家具进行了重金属含量等指标的测试比对,结果显示宜家的几款儿童储物柜、儿童储物桌不含铅、汞、锑、铬等8种对儿童有害的重金属,而且甲醛排放量也远低于新国标中规定的1.5mg/L限值要求,安全性大大超过了其他几个品牌。针对儿童活泼好动的性格,新国标中规定"儿童家具产品不能有危险锐利边缘及危险锐利尖端,棱角及边缘部位应倒圆角处理",且圆角半径不小于10mm,或倒圆弧长不小于15mm。其实早在这种强制规定出台之前,宜家就一直在打造结实安全的产品了,宜家的布松纳儿童床(见图13-16)的棱角采用圆弧形设计,避免儿童受到碰撞损伤,床边线条浑圆流畅,不会擦伤儿童的皮肤。另外,宜家储物柜、儿童椅等也充分考虑到了稳固性的要求,避免儿童在攀爬或推动家具时受到伤害。为了预防家具倾倒砸伤儿童,宜家的抽屉柜、衣柜等产品提供免费的约束装置,可以用来将家具牢牢地固定在墙上。

图13-16 布松纳儿童床

宜家在设计产品的时候,充分研究了儿童在使用中可能出现的种种细节问题,并逐一想到了解决的办法。比如,为了避免儿童在衣柜快速关门时夹伤手指,设计师就在设计柜门时配有阻尼缓冲装置,使得柜门临关闭时会缓冲变慢,以避免或减小伤害。另外宜家的儿童窗帘也不会使用拉绳设计,这是为了避免儿童在玩耍时颈部不慎被窗帘绳子缠绕导致窒息。宜家的一款韩彼得窗帘就使用了贴扣系带固定,方便打开,安全性也比拉绳要高。总之,对于儿童产品的安全问题,宜家一直是以百分百的谨慎态度对待的,一旦发现有任何产品在设计上存在安全隐患,就会立即采取行动,以避免发生不可挽回的后果。2016年,宜家曾宣布召回一款帕特鲁安全门产品,因为这款产品上锁机制存在缺陷,可能有意外打开的危险,宜家为此果断宣布召回该产品,并保证已经购买的顾客可以到任意一家宜家商场退货,而且无须购买凭证就可以得到全额退款。宜家这种对安全问题负责到底的态度也赢得了顾客的深深信任。

成长理念

儿童家居产品的设计应当充分考虑到儿童成长发育的特点,在各个不同的成长期突出不同的功能需要。宜家在为儿童产品分类时就考虑到了这一点,将产品细分为幼儿期产品、儿童期产品、8～12岁产品等,在其产品说明中非常明确地标明了使用年龄,供消费者挑选。

幼儿期产品:主要针对0～3岁婴幼儿开发的产品,具有舒适、安全、健康的特点,能够为婴幼儿提供安宁的睡眠和活动空间,在设计上更偏向于采用安全柔软的材料。婴儿使用的床单、被罩、靠垫、毯子、毛巾等纺织品,除了材料天然无刺激成分外,还采用不同的色彩、纹理以刺激婴幼儿的视觉发育和皮肤触感。如一款适合6～18个月的婴儿使用的桑多斯睡袋,面料采用100%棉,填料为100%聚酯纤维,无论是家居还是出行携带都很方便,实用性很强。

儿童期产品:主要针对3～7岁儿童的特点设计,高度适中的桌椅能够让儿童独自使用,在充分注意安全因素后,在产品设计中又尽量体现丰富的色彩和天真的童趣,以激发儿童的想象力,帮助他们探索新事物,如各种容易抓握的儿童餐具、杯子、餐盘等。如一款18件套的卡拉斯餐具(见图13-17)用聚丙烯塑料制成,颜色鲜艳,能够吸引儿童的注意力,并且轻便易握,儿童用小手可以轻松抓住;刀刃也不锋利,儿童可以用来分割食物,而且没有割伤小手的危险。

图 13-17　卡拉斯餐具

另外,宜家还针对这个阶段的孩子提供了很多家居安全用品,如浴缸防滑垫、抽屉安全挡、桌子防撞角、安全门挡、防滑条等。以帕特鲁(PATRULL)防撞角为例,使用时可以将小手形状的防撞角安装在家具边角处,就能够轻松地减少儿童被尖锐的桌角和柜角撞伤的风险。

智慧理念

图 13-18　姆拉积木车

除了考虑到安全和成长的需要,宜家在设计儿童产品时还注意融入益智元素,致力于研发对儿童智力成长开发有益的产品。比如宜家的儿童玩具产品结构简单、易于儿童操作,儿童可以通过对玩具模块拼搭、组合、拆卸等来锻炼思维能力和动手能力。而且宜家儿童产品在造型和色彩上做到了整体统一而细节多样。丰富而不刺眼的色彩,点、线、面、体的各种造型要素适合儿童的审美需求,可对儿童的空间常识和审美萌芽产生启蒙效果。如一款姆拉积木车(见图13-18)由24块形状各异、颜色不同的积木和一个带拉绳的小车组成,儿童可以在堆积木中学习形状和颜色的概念,也可以用小车搬运积木培养精细动作技能。

趣味理念

家居并不一定都是死板的条条框框的设计，宜家的设计师们会考虑到儿童天真的特点，将欢乐可爱的趣味元素加入家居产品中，比如儿童喜欢的动漫人物形象和儿童游戏等，就可以融入产品设计中，使其成为儿童日常生活中不可缺少的一部分，让他们在充满爱心和快乐的氛围中自由自在地成长。例如一款拉普拉斯短绒地毯采用的就是游戏化的设计，在地毯表面绘制卡通城市的画面，儿童在地毯上嬉戏玩耍时，可以自由地来到"体育场""住宅区"，也可以在想象中遨游"大海"、登上"高山"，体会游戏的乐趣。而且地毯在设计时考虑到安全因素，采用乳胶背衬，能够牢固地贴附在地面上，即使儿童在地毯上面跑动，也不会因地毯滑动而摔倒。

时尚理念

时尚和美观也是儿童产品在设计时应当考虑的要素之一，宜家的设计师们非常善于将正确的审美感觉传递给儿童，引导他们形成对美的感知和追求。以色彩来说，宜家的儿童产品不过于追求五彩斑斓、刺激眼球的色彩搭配，在配色方面更讲究风格时尚、花色新颖、和谐。

比如 GULLTRATT（古特拉特）和 FLICKOGA（弗利格）的多彩被套（见图13-19）和枕套，采用了时尚的图案元素，不仅美观还富有生动的童趣，符合儿童对美的萌芽感受，也能为儿童房间增添不少亮色。

图13-19　古特拉特多彩被套

10. 安全、清新、健康的瑞典风格

宜家集团于1943年创建于瑞典，这是一个位于斯堪的纳维亚半岛的国家，也是北欧最大的国家，首都为斯德哥尔摩。瑞典拥有悠久的历史文化，自然风光优美，森林覆盖面积高达54%。瑞典人热爱自然和家庭，崇尚清新、健康的生活方式，这一切都在无形中对宜家产生着影响，使得宜家在诞生之初就带有强烈的瑞典风格。

瑞典风格在家居装修装饰上可以概括为亲近自然、富有活力、简约实用、不求张扬，它最早形成于18世纪晚期，热爱艺术的开明君主古斯塔夫三世（1771-1792）统治期间。当时瑞典设计师们效仿法国革新派设计师，吸收新古典主义端庄、雅致、朴素的风格，又大大增加了舒适性的比例，形成了瑞典风格的雏形。到了19世纪末，瑞典画家兼室内设计师卡尔·拉森（Carl Larsson）和妻子凯伦·拉森（Karin Larsson）一起设计并装饰的小屋，将古典风格与瑞典的民间格调相结合，创造了瑞典家居设计的典范。在长期的发展中，瑞典风格变得更加优雅、简洁，也更加贴近普通人的生活。瑞典的设计师们并不热衷豪华奢侈的巴洛克式的设计风格，他们想要创造的是惠及民众的日常设计，并且不仅要很好地服务于人，还要协调好人与自然之间的平衡关系，保护好瑞典宝贵的森林、矿产、水利资源。

瑞典风格不但在本土得到了民众的支持，还走出了国门，赢得了世界范围内的广泛认可。1925年，纽约世界博览会首次提出了"瑞典式优雅"一词，简约实用、色彩淡雅、材质自然、富有匠心的瑞典设计征服了在场的各国设计师和记者，也为瑞典这个国家赢得了不少美誉。

在宜家创立之后，随着时代的变迁，宜家的设计师们又将现代主义和实用主义的元素与瑞典风格完美融合，设计出了有现代感却不盲目追赶时髦的外观，同时不落俗套、不乏新颖之处，功能实用并注重以人为本的新瑞典风格的家居产品。

走进宜家卖场，顾客就能够感受到一种安稳、舒适、愉悦的氛围，无论是单件陈列还是整体展示的宜家家居产品，都符合设计精良又美观实用的理念，具有一种更加优雅、迷人的气质，这也是宜家能够深深吸引住顾客的魅力之处。具体来看，宜家传承了瑞典风格中的精华元素，同时又从顾客的审美和实用角度出发，创造出自己独特的家居风格。

使用清新、简洁的色彩

瑞典地处北欧，因为冬季漫长，光照时间较短，室内装饰装修多使用高光泽的纯白色，以反射全部的光线，产生明亮、洁净、空间宽敞的感觉，比如橱柜就会挑选纯白色、没有太多修饰的产品，同时搭配原木色的地板、操作合面、桌椅等，让人身处居室中也能感受到清新的大自然气息。

图13-20　宜家家居产品

而宜家的家居产品在色彩运用上除了大量使用简洁的白色、原木色、灰色外，也会巧妙地加入一些清新、明快的颜色，如浅蓝色、奶油黄色、锈红色等，以产生一种活泼的现代气息（见图13-20）。而在卖场整体展示时无论产品颜色如何搭配，都会做到居室的整体色彩和谐而不显突兀。宜家风格的卧室，主色调为白色，墙面、地板、衣柜、书柜、床上用品等都以白色为主色，原木色的床架、窗框以及蓝白相间的地毯、浅咖啡色的柜帘等，与白色家具互相衬托，产生了层次感并很好地平衡了空间，能够为居住者营造出更为协调、平和的氛围。

使用安全的可循环利用原料

瑞典人民热爱天然材质，加上物产丰富，因此更倾向于选择各种安全、健康、天然的家居产品。例如他们在居室中铺设木地板后，只使用小块的地毯，以免被地毯遮盖住木质本身的自然美；同时他们更喜欢用瑞典盛产的松木、白桦木制成的平价家具，而柚木、紫檀木等名贵材质制成的高级家具则市场需求量不高。

在原材料方面，宜家吸收了瑞典风格的特点，除了使用安全、健康的天然材料外，也很注意走可持续发展的设计路线，越来越多地采用可更新和循环利用的原材料，如回收利用的木材碎料、金属、塑料、玻璃、藤条等，这些原本被人们当作垃圾丢弃的原料却被设计师们发挥创意制成新颖的产品，博得了顾客的赞赏。比如一款叫作 Odger 的宜家椅子，就是用 70% 的回收塑料和 30% 的可再生木材制作的，这种椅子外观虽然和普通的椅子区别不大，但兼具两种材料的最佳性能，生产过程中还减少了二氧化碳的排放，是一种新型的环保产品。2016 年，宜家的设计师团队一起努力，用循环利用的木材和从 PET 饮料瓶中回收的锡箔制成 KUNGSBACKA 厨房柜门。另外一款宜家 PS 2017 系列花瓶则是由有瑕疵的废弃玻璃为原料制成的，这些花瓶每一个都是独一无二的，既美观又有实用价值。

工艺制作精益求精

瑞典风格能够风行全球与其在工艺上一丝不苟的追求有很大的关系，这里有着大量的手工艺者，人本主义的制造精神获得了全世界普遍的认可。

诞生在瑞典的宜家家居在工艺上同样追求至纯至真，为了打造出优质的家居产品，宜家要求将巧妙的工艺技巧融入设计的每个细节，内外都选用上乘的材料以确保使用时的安全、舒适，同时尽量做到坚固、耐用，日常生活中的磨损不会令家居产品受到较大损伤，可以成为一代传一代的宝贵财富。宜家的斯德哥尔摩（STOCKHOLN）系列在设计时就使用了深受顾客喜爱的材料，如白蜡木、胡桃木、皮革和印花棉布等，并曾荣获瑞典优秀设计奖。图 13-21 中的斯德哥尔摩储物柜采用了胡桃木贴面和白蜡木支腿，表面还上有保护漆，使其能够经久耐用。

图 13-21　斯德哥尔摩储物柜

尽可能地利用空间

瑞典风格非常讲究对于空间的充分利用，人们更喜欢有收纳功能的橱柜、书柜以及各种储物单元，同时家具设计也追求便于叠放的形状和结构，以最大限度地节省空间，让居室显得更加宽敞、开阔。

宜家风格也突出了强大的收纳理念，而且在细节上考虑到了日常家居生活中每位成员的需要，尤其适合小居室。

例如斯多瓦（STUVA）系列产品就非常适合客厅储物，特别是安全的设计能够让孩子们放心地取用玩具，带轮子的抽屉本身就可以成为一件有趣的玩具；还有可堆叠的凳子等，当空间紧张的时候，居住者可以将它们当成脚凳、椅子或者边桌；而可调节大小的桌子则可以满足不同人数的就餐要求，桌面下方的抽屉还能分类摆放餐具、餐巾等物品，使用起来更加灵活方便。斯多纳餐桌在桌面下方设有 2 个额外的折页，展开可以增加桌面尺寸，可供 8 人使用。

样式时尚但不繁琐

样式简洁、线条明朗、自由、轻松是瑞典风格的典型特点，像美国家庭偏爱的大且笨重的沙发就被很多瑞典人拒之门外，他们更喜欢小巧、轻便、灵活的扶手椅或沙发。宜家的家居产品在样式上同样注意这一点，力求简单、干净、清新，不给居住者造成视觉上的压力，同时又要有时尚、典雅的元素，比较适合城市中产阶级对生活的品位需要。

不仅如此，宜家的产品在设计上既考虑到了该产品在单独使用时的精美程度，也考虑到了该产品与其他产品在搭配上的融洽度，任何一套沙发、一张床、一把椅子、一个书柜，无论顾客用什么家具搭配，都能显得融洽和谐。这也是宜家能够不断吸引顾客的原因之一，顾客可以发挥自己的创造性，利用宜家的各种家居产品搭配出各种个性化又不失美观的风格。

总之，安全、清新、健康的瑞典风格传遍了全世界，而宜家则继承并发扬了这种风格，将其贯穿产品设计的始终，让人们被更加时尚新颖、活泼的宜家风格深深吸引，并产生强烈的购买欲望。为了坚持自己的风格，宜家亲自设计所有产品并拥有其专利，以保证自己的品牌和专利产品能够伴随宜家风格覆盖全球。

11. 技术创新提升产品竞争力

技术创新对于企业的生存和发展有着至关重要的作用，特别是在"智能家居"普及的当下，顾客越来越重视利用各种高新技术提升家居的安全性、便利性、舒适性和艺术性，同时对于可持续性的环保节能居住环境的呼声也越来越高。在这种情况下，家居企业只有适应新形势的变化，立足科学技术研发、设计新产品，提供最优秀的创意，才能满足顾客的新需求，让企业在激烈的市场竞争中占据有利的位置。在宜家，"技术创新"一直是企业最重要的议事日程。宜家对于"创新"有自己独特的理解，它不是单纯地追求先进的理念，而是从顾客角度出发，为顾客提供便利的"人性化"的创新，因而也被称为与顾客结盟的"民主"理念。一个有代表性的案例就是宜家"小空间生活"（Small Space Living）概念的提出，这是宜家在广泛进行全球市场调查后于2012年提出的新概念。目前全球人口已经突破76亿大关，繁华的都市人潮密集，个人乃至家庭占据的家居空间越来越少这个问题引起了宜家的关注。为了让顾客在最小的空间里享受惬意的生活，宜家从产品设计上充分考虑了易组合、可堆叠、可延展、功能多样化的创新思路，为顾客提供了能够在有限空间发挥较大作用的家居产品，因而得到了顾客的强烈欢迎。

为了更好地研发出具有创新性且更能够满足顾客需求的产品，2015年，宜家还专门在哥本哈根开辟了一个创新实验室，并起名为"space10"，这个实验室与它的富有未来感的名字一样，代表了宜家设计师们的各种奇思妙想。

整个实验室是一栋两层的建筑物，面积约为1000平方米，下方就像宜家样板间，将最新颖的设计通过巨大的玻璃橱窗展现在过往的路人面前，而设计师们也可以通过亲自使用来测试这些新产品是否更加便捷和舒适。实验室会对不同主题、不同领域的家居产品进行研发，比如与12位来自哥本哈根的设计师合作推出的"新鲜生活实验室"主题产品，旨在改善家居环境及人们的健康状态，将整个空间改装成一个智能化的未来之家。其中的一款智能花洒，与技术设备相连，可以对沐浴时的用水量进行检测，如果发现用水量超过一定限度，花洒旁边的红色指示灯就会亮起，以提醒顾客注意节约用水；还有一款看似平淡无奇的智能座椅，却能够通过应用程序 App 与智能手机相连，当顾客坐下后就会自动记录时间，如果顾客久坐不动，整个椅面都会慢慢向上倾斜，以迫使顾客起身活动，以免影响健康。

从这些巧妙的设计中，可以看出宜家对于技术创新孜孜不倦的追求。宜家的产品之所以能够获得越来越多顾客的青睐，除了功能性、实用性、美观、价格实惠等因素，也离不开技术进步带来的竞争优势。比起市场上常见的家居产品，宜家的智能家居产品显然更能满足人们对未来家居的美好畅想，特别是那些热衷新鲜事物、对科技发明感兴趣的顾客，他们会自然而然地成为宜家的拥护者。

在未来，宜家在产品研发方面的技术创新还将呈现出以下几种趋势。

更为灵活，使用方便

为大众打造更加美好的日常生活是宜家产品研发的基本理念，为了达到这个目标，宜家的设计师们关注人们生活的每个角落，从细处着眼，打造出更为巧妙灵活的新产品，以满足人们所有可能出现的家居需求。

比如常常被人们忽略的生活家具手推车，经过宜家的改造之后成了一款十分方便的厨房用品。特别是 2015 年推出的瑞沙托（RISATORP）厨房手推车（见图 13-22）更是掀起了抢购的风潮，这种小推车采用了三角形设计，造型简洁美观，三层金属网格的篮筐可以用来摆放餐具、调料、等待料理的蔬菜等，不仅易放易取，也能让厨房环境变得更加整洁。而且推车的脚轮可以向各个方向自由移动，能够方便地推到任何地方，作为客厅、卧室、书房的储物件也很合适，需要时拉到身边，不用时推回房间的某个角落，不占用额外的空间。像这样的可移动储物产品本身就是一个以人为本的解决方案，满足了人们对便利、高效、快捷的未来家居生活的需求。

图 13-22　瑞沙托厨房手推车

简化功能、更为实用

近年来很多企业争先研发智能产品，将大量资金、精力投入到智能产品的开发当中，盲目追求功能的先进性，却忽略了产品本身的实用性，很多产品在投入使用后顾客并不买账，反而认为是商家在进行概念炒作。曾在发售前引起热议的谷歌眼镜（Google Glass）就是这样的失败之作，该产品售价超过 10000 元人民币，声称具有和智能手机一样的功能，但是顾客在使用后感觉很不舒适，而且系统经常崩溃，更糟糕的是眼镜上的文字、画面等可能会让顾客在行走时分散注意力，带来潜在风险，由于诸多问题的存在，这款不实用的多功能眼镜的研发工作已于 2015 年被谷歌公司叫停。

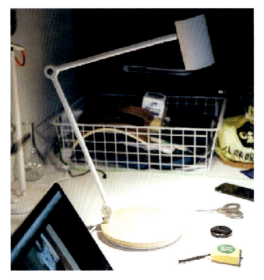

图 13-23　瑞加德台灯

与"谷歌眼镜"相比，宜家的技术创新就要务实得多，它所做的一切创新工作都是建立在对用户需求的充分了解基础上的。比如，当前智能手机、平板计算机成为人们生活不可或缺的伴侣，这些设备需要频繁充电，可能给人们造成一些不便。宜家就想到了将家具产品与无线充电结合的办法，推出了一系列无线充电产品，以帮助人们摆脱麻烦的数据线和插座等，用最简便的方式为设备充电。如瑞加德台灯（见图 13-23）就有无线充电功能，使用时只要按下台灯底座的按钮，将需要充电的手机等设备放到底座上就可以进行充电了。还有一款瑞德马克无线充电板能够同时为 3 部设备充电，使用时只要把要充电的设备分别放在充电板上的三个"+"符号上就可以了，十分简单方便，并且这些无线充电设备都能够与市面上的大部分手机兼容。像这种简洁实用、便于操作的设计显然抓住了用户的"痛点"，而且也有助于降低产品成本，提高其市场竞争力。

节能节水，减少浪费

随着智能家居产品逐渐走入人们的生活，对于能源的浪费又成了新的问题，很多高能耗产品不仅造成了能源的巨大浪费，也给家庭经济造成了一定的负担，在这种情况下，人们迫切需要智慧的家庭能源节约措施。

在这方面，宜家提出了许多解决方案，能够帮助顾客节能节水，减少浪费。例如宜家已经将所有的照明设备换上了 LED 灯，与传统灯泡相比，LED 灯可节省 85% 的能源，并且使用寿命长达 20 年之久。这些 LED 灯具还能设计出各种特殊的造型，在使用时发出温暖的白光，触摸也没有烫手的感觉，视觉效果比传统节能灯泡更佳。阿弗比恩枝形装饰灯（见图 13-24）采用了内置 LED 光源，灯条光照相当于 21 瓦白炽灯的亮度，富有艺术气息的造型能够在使用时营造出优雅、高贵的迷人氛围，设计师还为这款吊灯设计了两种照明效果，只需要按一次或两次墙壁开关，就可以选择装饰照明或工作照明。

图 13-24　阿弗比恩枝形装饰灯

另外，宜家在节约用水方面也有自己的小创意，设计师们在水龙头内部安装了压力补偿装置，这种装置能够在水流中混入一点空气，使流速变慢，从而节省水资源。而顾客在使用宜家的这些节能家居产品时，也能产生节约开支的效果。比如一款格兰卡洗脸池水龙头（见图13-25）经测试能节省35%的用水量，并且坚固耐用，还享有宜家的10年品质保证服务，自然会受到精明的顾客的青睐。

保护环境，促进回收再利用的新产品

用心打造可持续的家居生活是宜家长期以来的理念，为此，设计师们除了想方设法用更少的资源制造更多的产品外，还会积极地变废为宝，采用可回收的纸张、塑料、玻璃及金属等材料用于设计并生产新产品，这样做不仅能

图13-25　格兰卡洗脸池水龙头

达到保护环境的目的，而且也能降低产品的生产成本，再将节省的成本回馈给顾客，以较低的售价出售这些产品，使顾客能够得到更多的实惠。

从2015年起，宜家开始研发并准备全面推出蜂窝纸板家具，这种创造性的纸质家具以一种由纸膜加工而成的复合型蜂窝纸为支撑材料，制作出支撑力度强、持久耐用的产品，硬度与塑料相当，但是重量却不到传统家具的30%，而且售价非常便宜，有的产品售价只有几美元，而且这种家具还可以回收后循环利用15次以上，实现了宜家资源再利用的目标。

不仅如此，宜家还为顾客提供了分类处理家庭垃圾的解决方案，比如安维巴废弃物分类长椅（见图13-26）就采用了新颖的创意设计，在长椅下方安装有脚轮，便于在居室内部移动，加装盖子能够防止异味飘出，同时盖子采用轻柔关闭的气动合页设计，可以避免关闭太快夹伤手指，三个大小不同的储物桶能够帮助顾客按需存放各种类型的垃圾；而且这款长椅本身就是用可回收的PP塑料制成的，也非常符合宜家一直倡导的环保理念。

图13-26　安维巴废弃物分类长椅

12. 坚持自己设计产品并拥有专利

专利对于企业的意义十分重要，没有自己的专利产品，企业就可能受制于人，难以实现飞跃进步和发展。相反，经营自有品牌，努力坚持自己设计产品并拥有专利，就能在保证产品质量的基础上降低产品的价格，而且还可以在营销推广方面省去许多中间环节，不但可以大幅减少广告推销费用，而且有助于加速资金周转。特别是采取连锁经营方式的很多国际大企业，如星巴克、优衣库等，无不竞相开发自己的产品，通过大批量销售，取得规模效益，从而降低产品的销售成本。

与这些企业一样，宜家很早就认识到了专利的价值。在自己设计产品之前，宜家曾经有过一段从供应商处进货销售的历史，所有的产品都由供应商开发，风格、材料、细节全由供应商说了算。有时遇到畅销的商品缺货也没办法得到及时的补充，让坎普拉德觉得烦恼不已。

当时有一种受顾客欢迎的"ABO系列"家具，包括床、五斗柜、书架等一系列产品。在品位讲究的坎普拉德看来，这套家具就是典型的失败之作，风格极其平庸，用料异常吝啬，唯一的优点是价格便宜。正因为这样，供应商对木材、油漆、各种配件的使用都经过一番精打细算，最后当坎普拉德收到家具成品以后，几乎暴跳如雷。他生气地称它们是"农户审美""不值钱的家具"，但幸好当时的顾客并没有坎普拉德这么挑剔，他们觉得这个系列的家具虽然不是特别美观，但比较实用，价位又低于他们的预期，于是他们很愿意买上一件产品，有时甚至会把一整套ABO家具搬回家，这种始料未及的结果也让坎普拉德哭笑不得。

但是没过多久，ABO家具在市场上就行不通了，原来这套家具设计上没有什么特别之处，非常易于模仿，很快市面上就出现了各种各样的仿制品。而且产品没有品牌，也不受商标注册保护，所以坎普拉德对这种情况无能为力。等竞争对手用更加劣质的材料生产出更加廉价的产品以后，ABO家具便彻底失去了市场竞争力，而且顾客对于这种质次价低的家具也失去了信任感，因为它们在使用中会给顾客造成各种各样的麻烦，而且也十分容易损坏。

在ABO家具的教训之后，坎普拉德痛下决心，一定要摆脱供应商的钳制，生产出代表宜家真正风格的质优价廉的产品来。

在此之后，自行设计并生产外观迷人、功能性强大且具有价格优势的家具产品就成了宜家的一条固有经营理念，每年有100多名设计师在为宜家辛勤工作，以不断设计出全新的产品，完成产品的优胜劣汰，而这些产品宜家全部拥有专利。目前产品专利权已经成为宜家一项难以估价的巨额无形资产，基于多年投资积累的专利技术、专有知识等，宜家的研发优势令竞争对手难望其项背。而且更重要的是，拥有产品专利之后，宜家就不会再受到上游的供应商施加的压力，可以自由决定产品的风格和产量，大大提高了企业经营的自主性。

与此同时，也因为宜家对自己的产品具有绝对的发言权，所以有关设计、生产、销售的一切环节都在宜家控制之下，可以尽可能地采取各种措施以压低成本，减少售价。就这样，高效的成本控制、卓越的产品研发和协调支持体系共同构成了宜家的核心竞争力，使它能够在风起云涌的家居市场上屹立不倒。从某种意义上讲，宜家可能是世界上唯一一家既进行渠道经营又进行产品经营并且能够取得成功的机构。值得一提的是，一些代工厂在与宜家解除合作关系后，争相卖起了宜家的"山寨版"产品，所售产品从外观上看起来几乎与宜家产品一模一样。这些代工厂因为与宜家有超过十年的合作经历，对宜家模式的各个方面都有细致的了解，又急于开拓自己产品的市场，就免不了对宜家进行所谓的"模仿"。

对于这种情况，宜家似乎并不急于做出强有力的回应，实际上宜家的独一无二是很难完全模仿的。宜家的品牌知名度是全球范围内的，很多消费者一提起家居产品就会自然而然地想到宜家，这是"山寨者"们无论如何也模仿不了的优势。并且宜家能够提供全方位的顾客体验、售后服务，其产品系列组合以及各种营销方法加上卖场内的布局和展间，这一切有形无形的元素都是数十年沉淀积累下来的财富，也是竞争对手们在短时间内追赶不了的。

另外，宜家的产品数量繁多，为每一件产品都申请专利保护是不切实际的，不但需要耗费大量的金钱，还需要漫长的时间。并且宜家产品更新速度也比较快，很有可能耗费人力财力为一批产品申请了保护，但这批产品已经面临着退市的结局了。因此综合上述原因，宜家在面对"被山寨"时选择了冷静的处理方式，而不是动辄采用法律手段提起诉讼。这也体现出了宜家一贯的经营方针：埋头做好自己的事情，将所有精力和资金用在经营品牌和产品上。也许正是因为宜家的专注、沉稳和淡定，才能在经营的道路上走得如此稳健、踏实。

13. 企业经营策略

宜家的成功之处就在于，它跳出了家居行业经营的固有销售模式，以顾客体验为优先，让宜家商场在顾客眼中，成为一个集购买家居用品、娱乐、休闲、放松为一体的体验中心。它精心设计商场动线规划，从顾客心理出发进行商品布局，用还原家居环境的样板间拉近顾客与商场的心理距离，将餐厅、儿童游乐场引入商场，更试图与大规模的购物中心相结合，满足顾客日常购物娱乐的所有需要。从某种程度上说，宜家已经成了某种生活方式的象征，这正是它与其他家居卖场的根本区别所在。

成本领先战略——降低制造成本、售价低

（1）产品研发基本思想：打造低价位、设计精良、实用性强的家居产品，为人人所有。

（2）货物运输：平板式包装。

（3）采购：长久合作、鼓励良性竞争、制造外包、批量大。

（4）销售：格局设计紧凑、无主动服务。

（5）采用新材料、新技术——提高产品性能并降低价格。

（6）与OEM供应商通力合作，鼓励各供应商之间进行竞争，把订单授予价格较低的供应商。

（7）与顾客合作：顾客挑选家具并在自选仓库提货，节省了提货、组装、运输的费用。

（8）平均每年以10%的速度降价，产品更新快，价格降幅大。

产品战略——卖家具，更卖生活方式

（1）准确的产品市场定位："提供种类繁多、美观实用、老百姓买得起的家居用品"。

（2）产品具有独特的设计风格，且精美耐用。

（3）产品系列众多。

（4）模块式设计方法。

（5）低成本设计理念：先确定成本再设计产品。

（6）产品设计过程中重视团队合作。

顾客为向导的营销策略——聚焦高格调、价格敏感的中产阶级

（1）DIY的方式：消费者自行提货、自行运输、自行组装，配有十分具体的安装说明书。

（2）先进行精品、高档的形象铺垫，循序渐进的价格滑落。

（3）有价值的低价格。

（4）产品设计重视顾客需求：让了解顾客需求的市场一线人员参与到设计过程中来。

（5）卖场的人性化布局：卖场设计有其标准规范，地板上有按顾客习惯制定的箭头，指引顾客按最佳顺序浏览完整个商场。

（6）提供信息服务、知识服务。

（7）对顾客的人性化关怀：顾客可自行选购家具，也可预约设计师，请设计师帮助设计新房，或提出改造旧居的建议。

IKEA的推广策略

（1）透明营销（目录展示）。

（2）免费提供制作精美的目录。

（3）卖场展示富有技巧。

（4）一个个分隔开来的展示单元，分别展示在不同功能区搭配不同家具的独特效果。

（5）顾客可以从中寻找家居布置的灵感。

（6）配合产品定位的企业形象定位及宣传。

（7）把IKEA卖场打造成一种生活方式的象征——"充满了阳光和清新气息，同时又朴实无华"。

（8）形象控制：全球员工统一着装（蓝色）。

（9）DM营销：家居知识，融家居时尚、家居艺术为一体。

【注】DM（Direct Marketing）营销，中文为直复营销，是一种互动的营销系统，运用多种媒介在任何地点产生的可衡量的回复或交易，实现了个性化营销和精确营销的目标，包括直递邮件（邮包）、电子邮件、电话、网络、流媒体、广播电视、印刷品等各种媒介形式的应用。

人力资源战略

（1）积极引进有当地家具行业从业经验的高级人才，以迅速了解当地市场。

（2）注重自有人才的培养，通过合理的职位设置，优化人力资源的结构。

（3）为以上职能战略的实施做好人才储备。

四、宜家故事与趣闻

1. 宜家体验

宜家有三宝：瑞士肉丸、冰淇淋、免费续杯（见图13-27）。在宜家购物的时候，通常会有"即使是一个人，也想有个房子，把它装扮得温馨得不得了"的感觉。单身的想恋爱，恋爱的想结婚。所以，有句民间广告语"想和他（她）结婚，就带他（她）逛宜家吧"。

图13-27 宜家"三宝"

2. 进军东欧，买深林

宜家对原材料的需求，每四年就增长一倍。换句话说，宜家每年都得砍伐高达数十万公顷的林地。这并没有什么大错。如果管理得当，木材是对环境有益、可再生的原材料。就水资源的消耗、碳排放量等方面来看，只要妥善照顾森林，砍伐方式和生产方式也科学合理，这对环境的影响甚至比种植棉花还要小。当然，这里说的是人工种植的林地，不是原始森林。

在保障木材供给稳定这一问题上，宜家一直有远见卓识，这尤其要归功于英瓦尔·坎普拉德对未来远景的正确判断。1989年柏林墙倒塌之时，东欧版图发生巨大改变。那时，宜家的大宗买卖就已经开始启动。其中，最早启动的计划之一，是收购西伯利亚一家拥有大片林地的锯木厂。负责这笔生意的是宜家领导团队中少有的一位非瑞典籍传奇人物伯纳德·富勒

（Bernard Furrer）。遗憾的是，由于其他势力的介入，这笔生意并没有完全做成。此时宜家已经投入了 5000 万瑞典克朗（按当时的汇率折算，相当于 4500 万人民币）。难怪当伯纳德赶到柯勒斯庄园时，显得焦虑不安。

那天早晨，会议室有英瓦尔，首席执行官安德斯·莫伯格，还坐了一排其他的宜家高管。

会议进行到西伯利亚的投资项目时，伯纳德·富勒被叫了进来。他客观地汇报了他带来的坏消息，等着接受一顿痛斥，他认为那是他罪有应得的，毕竟，他让宜家集团损失了一大笔钱。可是，英瓦尔并没有责骂他，只是提了几个问题，便没再说什么，似乎还对他的回答感到满意。这样事情好像就告一段落了。

会议议程中的这一环节一过，大家就可以舒展一下四肢，上上洗手间，喝杯咖啡，换一口口含烟了。英瓦尔走到伯纳德身边，表情严峻地问："你昨天晚上住在哪里？"伯纳德告诉他，他在当地一家酒店住。据目击者称，英瓦尔顿时火冒三丈，接着便是一顿臭骂，气得脸色通红。因为在他看来，无论是来柯勒斯庄园办事，还是经过这里，不住进庄园里简朴狭小的客房过夜，都是对宜家有限资源的极大浪费。

若要了解宜家和英瓦尔本人，这件事其实很有代表性。为什么赔掉几千万他没有吱声，而多花几个小钱住酒店却大动肝火？因为，英瓦尔意识到，无论是森林还是工厂，公司快速而大胆地向东推进，势必有巨大的成本投入，耗费大量资金，而且还不一定有收获。

但这就是钱的用途：对探索和了解未知领域的纯粹投资，而不能被看作损失。没有像伯纳德这样敢于冒险的员工，要开拓新市场就不可能实现。如果让伯纳德成为西伯利亚投资的牺牲品，这在其他同事心中只会产生恐惧，并使整个向东扩展的事业岌岌可危。如果让竞争对手占据东欧和西伯利亚的森林，宜家将付出更为惨重的代价。相比之下，这耗费的五千万瑞典克朗只是区区小数。

另一方面，英瓦尔非常清楚，如果纵容经理们挥霍浪费的行为，即使只是在小范围之内，公司的钱财也会被蛀蚀一空的。经理是榜样，正如他自己所说，榜样的力量是巨大的。很快，大家便只会住进宜家为内部人员提供的客房，而不是外面的宾馆。这样的规矩如果稍有改变，就很难预料会产生怎样的后果。这就是他那时候的逻辑思维，现在也仍然如此。

西伯利亚投资失败，以及其他一些类似的失利，并没有减缓宜家东进的脚步，反而加速了它向东欧推进的速度。这正是宜家善于总结经验教训的缘故。宜家一步一个脚印，一点一滴地，从错误和失败中吸取教训。对很多人来说，"学习型组织"只是商贸书籍中长期被滥用的术语。但宜家的东欧扩张，便是这种模式的典型个案。早在这一概念产生之前十年，英瓦尔就已经视其为经营策略了。

3. 为所有人而美

对家庭的关注是瑞典 20 世纪特有的现象。在 20 世纪初期，瑞典住房短缺，现存的公寓也并不适合人们居住。很多人从乡村迁移到城镇，然而城镇又无法为所有人提供住所，因此大量的家庭拥挤地住在昏暗的廉租公寓里。那时候的贫困随处可见，并伴随着糟糕的家庭卫生和公共健康问题。评论家们的关注点也大多集中在家庭。官方政策本是为了让每个人都有地可住，但是有些要求被特地提了出来：公寓应该被装修得特别些。1899年，在《家庭之美》这篇很有影响力的文章中，艾伦·凯（Ellen Key）表示，外界与内在存在一种联系，即居住在优雅环境中的人会成为一个更快乐的人。作者认为美的事物可以改变并改善一个人，同时她还声称每个人都有权利居住在这样的环境中。她的观点显然具有社会民主的特点。

艾伦·凯（Ellen Key）指出过一个问题：大众审美品位并未发展完善，大众并不明白什么是美，而且在这方面没有受到过任何教育。凯受到威廉·莫里斯及手工艺复兴运动的启发后，将美和简单、合适、和谐、诚实等联系到了起，同时她对此给出了具体的建议和做法，比如购买廉价的墙纸，将其背面朝外挂起来以免露出花纹。她的"好"建议就是让人们避免选择那些扭曲失真、过度繁复的样式以及艳丽花哨、混色方格的图案，而去选择简洁的样式与图案。

在这方面，典型的例子是艺术家卡尔·拉尔森（Carl Larsson）和凯利·拉尔森（Karin Larsson）在桑德波恩（Sundborn）的住所，它为艾伦•凯的观点生动展现出艺术范本。卡尔•拉尔森用一系列的水彩画装饰他的家，这些画后来在1899年以图书的方式被出版。拉尔森的室内代表性装饰与19世纪富裕的中产阶级的家庭布置完全不同，没有那些大而笨重、又深又暗的家具用品，取而代之的是简洁明亮的空间布置、明快的颜色、自然的原材料，这样的效果代表着满足和共享。幸福的家庭生活与家具息息相关，拉尔森的水彩画以家中的金色头发、蓝色眼睛的孩子为特色，这些水彩画被批量印刷，渐渐成了瑞典人的形象，这也为宜家提供了可借鉴的理想风格："在19世纪末，艺术家卡尔和凯利将经典与较为暖色的瑞典民间风格相结合，创造了一种经久不衰的瑞典家居装饰设计模式。"

卡尔·拉尔森的家不仅有一种特别的美感，而且逐渐被认为是瑞典风格的基本生活方式，即以孩童为中心的友好、自由、放松的家庭生活。拉尔森的家居风格得到凯的认可，契合她关于儿童教育的看法，她提倡孩子需要休闲，需要在娱乐中发展其想象力和认知，家长应该配合孩子们的需求和活动，而不是控制、阻止或压制他们。许多其他的瑞典教育改革家都拥有相似的观点。

艾伦·凯的思想后来得到另一个社会艺术史学家格列格·鲍尔森（Gregor Palsson）的进一步推广。鲍尔森与许多德意志联盟的思想家观点一致，他在其《日常生活良物》一书中表示，如果大众都能得到好看又不算太贵的工艺品的话，这些工艺品则需使用机器以理性的方式批量生产。直到20世纪20年代末，鲍尔森才促成1930年斯德哥尔摩展览计划，许多影响当代的思想在这个展览中得以广泛地传播，在他的宣言般的《接受》一书中，鲍尔森和他的合著者坚持认为要解决住房短缺和居住环境恶劣的问题就要合理改革建筑业。之后，社会主义民主主义者执政，承诺将会解决住房状况，于是那些声称拥有解决住房问题办法的建筑师得到了政府的支持。

在瑞典，《美丽家居》《日常生活中的良品》《接受》这几本书对瑞典建筑和室内设计起着很重要的作用。住房成了只有动用政治手段才能解决的社会问题。设计图稿的共性在于对设计理念的理解以及将设计视作重要社会发展的工具。20世纪40年代的一项政府研究，调查了人们如何在自己家中活动，具体涉及以下问题：如何利用家庭空间？在哪里睡觉吃饭？是否有给孩子活动的空间？尽管起居空间拥挤，人们依然不愿背离传统，依旧保留着正式的会客厅，尽管他们知道当一家人蜗居在其他房间时，宽敞的会客厅一无是处。因此，当一部分人还选择居住在拥挤的空间时一些人已经不甘成为这种过度拥挤的受害者。政府报告分析，将这种空间的拥挤归因于人们的无知，而这也正是"专家"们试图解决的问题，他们深信如果人们得到专业的指导，就能够做出更好的选择。

同时，一批优秀的教学课程、展览以及杂志都针对不科学的居住习惯提供了建议。陈列着沉闷老式的家具且毫不美观的室内设计即将过时，取而代之的是简约大方、明亮自然、实用多变的室内风格。官方用华丽辞藻阐述着同样的理念：简洁、适用、明亮、通风。

瑞典的宜家家居品牌也简单明了地阐述了类似的理念：瑞典式的风格是宜家系列的设计基础。时至今日，这种理念在瑞典不断发展，家具现代却不花哨，实用而又美观，以人为中心，对儿童亲近友好，通过精挑细选的颜色和材料展示出新鲜、健康的瑞典风格。

第14章 进击的农夫山泉——设计领先者的情怀之路

在中国,有一家企业,十年不上市却一直处于设计领先地位,在国内饮用水市场占比25%、世界饮用水市场位列三甲。它走着与这个快消品时代不同的真诚情怀之路,它的大名早已家喻户晓。它便是农夫山泉。农夫山泉二十多年来一路走过的光辉与黑暗,也值得所有企业学习、借鉴。

一、品牌简史

1. 农夫山泉简介

农夫山泉,养生堂旗下控股公司,创始人是钟睒睒。1993年,钟睒睒凭借养生堂的龟鳖丸名声大噪。1996年,千万身家的他看中了国家一级水资源保护区千岛湖,于是瞄准了饮料业,在千岛湖畔成立了浙江千岛湖养生堂饮用水有限公司,即今天的农夫山泉品牌。

2. 农夫山泉的品牌理念

创始至今,农夫山泉一直坚持的品牌理念是:十分真诚、情怀满满、敬畏大自然。情怀,意为有原则、有坚持、有个性。有人说过三瓶水的故事:恒大冰泉的傲慢,依云的格调,农夫山泉的情怀。农夫山泉的"情怀"之路在于它20多年来始终坚持着它的品牌理念。

从名称来看，"农夫山泉"就别具一格。首先，"农夫"二字就给人一种纯朴厚道的感觉，进而联想到矿泉水产品本身也像农夫一样"厚道"，给人一种产品质量过硬的安全感，满足了人们对于渴望饮用水安全的心理欲望。再者"山泉"二字，给人一种纯天然、绿色环保的心理感觉，给人一种正面积极的联想。其次"农夫山泉"的名字搭配上"我们不生产水，我们只是大自然的搬运工"的广告词，更加强化了农夫山泉矿泉水绿色环保安全的形象。在便于记忆的同时，也更好地展示了产品的良好形象。从LOGO来看（见图14-1），商标的上方是连绵的绿色山脉形状，同时，在山脉的上空还有鸟在空中飞翔。从色彩来看，绿色通常作为环保、富有生机、纯天然的象征。山与鸟的存在，并以绿色作为映衬，给人一种环保、安全、天然的感觉。商标的下方是红色的农夫山泉名称，红色通常给人一种视觉上的刺激，内容显著，令人瞩目。从商标的整体来看，绿色与红色的搭配，色彩对比鲜明，令人印象深刻，既体现了其产品环保的特点，又令人注目，提高了关注度，简单易懂，个性鲜明。这些都充分呼应了农夫山泉的品牌理念。

图14-1　农夫山泉LOGO

3. 农夫山泉早期发展历史

如今的农夫山泉在国际上享有盛誉。早在2003年之前，农夫山泉仅仅凭天然水，便成为中国消费品市场中最受欢迎的六大品牌之一。农夫山泉的早期历史如下：

1997年4月第一个工厂开机生产，推出"农夫山泉有点甜""我给孩子喝的水！"广告语。

1998年，公司赞助世界杯足球赛中央五套演播室，搭上了世界杯的"快车"而迅速成为饮用水行业的一匹黑马，广告语"喝农夫山泉，看98世界杯"深入人心。

2000年4月22日，公司宣布全部生产天然水，停止生产纯净水。随着广州、杭州两地新闻发布会的召开，一场震动全国水行业的"水战"全面爆发，"纯净水"从此风光不再。同年，公司被授予"中国奥委会合作伙伴"荣誉称号和"北京2008年奥运会申办委员会热心赞助商"荣誉称号；"农夫山泉"饮用天然水被中国奥委会选定为"2000年奥运会中国体育代表团比赛训练专用水"；中国跨世纪十大策划经典个案评选揭晓，"农夫山泉有点甜"名列其中。

2001年6月10日，公司正式更名为"农夫山泉股份有限公司"。

2002年，市场研究机构AC尼尔森表示，在中国消费品市场中最受欢迎的六大品牌中，"农夫山泉"是唯一本土品牌。

4. 挫折与机遇

看似一路顺利走来的农夫山泉，在 2013 年时遭遇了滑铁卢，"标准门"让农夫山泉在名誉和经济上都损失重大。事件的起因是某消费者对于农夫山泉瓶装水内黑色不明物质的投诉。《京华时报》用持续 28 天以连续 67 个版面、76 篇报道来称农夫山泉"标准不如自来水"。尽管在 2013 年底农夫山泉举报《京华时报》虚假报道，并索赔成功，但这次事件对农夫山泉多年来宣扬的"天然、安全、健康"理念造成了巨大的打击，其造成的损失超过 6000 万元。

但是，2014 年，"农夫山泉"依然入围 2013 年度中国行业影响力品牌；2015 年，在饮用水品牌市场占有率的统计中，农夫山泉以 18.96% 的市场综合占有率遥遥领先；2017 年，农夫山泉年销售额达 130 亿。

二、细分市场与经典产品分析

农夫山泉设计战略中，非常重要的一点便是它的细分市场。对于市场的细分和差异化战略，使农夫山泉得以持续扩大市场份额。

1. 基础款瓶装水

1997 年开机生产后，农夫山泉推出了基础款的瓶装饮用水，主打纯天然弱碱性水，价格亲民，属于大众消费品，定价在 1.5～3 元不等，图 14-2、图 14-3 所示分别是新、旧包装。2003 年 9 月，"农夫山泉"瓶装饮用天然水被国家质检总局评为"中国名牌产品"。

图 14-2　旧包装

图 14-3　新包装

2. 高端水

在我国，高端水的市场潜力巨大。2014 年，瓶装水行业销售收入达 1131.55 亿元，同比增长 11.6%，相较 2013 年 23.2% 的增速，下滑较多，然而高端水的销售却增长了近 50%。农夫山泉抓住这个机遇，瞄准高端水市场，从 2015 年开始，相继推出几款高端水新产品，包括玻璃瓶水、具有独特包装设计的大容量婴儿水和运动盖瓶装水。

首先看一下玻璃瓶水（见图14-4）。第一眼看来，这款水最吸引人的便是它的包装。农夫山泉花了三年时间邀请了5家国际顶尖设计公司进行设计，历经58稿后才最终选定该包装设计。该款产品包装共有8个样式，瓶身主图案选择了长白山特有的物种，如东北虎、中华秋沙鸭、红松等，极具生态气息和人文内涵，成为产品的一大卖点。2015年，这款产品的包装斩获五项国际设计奖项。除了包装，主打的长白山莫涯泉水源也是一大特色，强调珍贵低钠弱碱水质，面向的是高端消费群体，定价35～40元每瓶。

图14-4　玻璃瓶水

第二款高端水是婴儿水。2015年，农夫山泉推出最新研发的婴儿水。在此之前，国内并没有专门针对婴幼儿直接饮用和调制配方的瓶装水产品，农夫山泉率先聚焦母婴市场，主打低钠淡矿水质和商业无菌的包装，专为宝宝设计，填补了国内市场婴儿水（0～3岁）的空白，定价为9元（1L）。更巧妙的是，这款水还有一个独特的瓶身设计——人性化凹槽设计（见图14-5），可以让婴幼儿的父母握住不同的位置，贴心有趣。

第三款是专为学生设计的运动盖瓶装水（见图14-6）。为了让青少年获得更好的使用体验，农夫山泉设计了单手就能开关的瓶盖。农夫山泉还将自然生态文明融入产品设计，瓶身包装结合了长白山四季的山中景色和不同的动物形象，让消费者真正注视这些瓶子的时候能立刻获得一种对自然的敬畏感。水质也是对青少年身体有益的长白山莫涯泉低钠淡矿泉水。由于主要用户群体是学生，定价由初上市时的4.5元（535ml）调整为3元左右。

图14-5　凹槽设计　　　　　　　　　　图14-6　运动盖瓶装水

3. 饮料市场

2003年春季，农夫山泉从单一的饮用水公司跨入综合饮料企业的行列，标志此转型的是2003年上市的"农夫果园"混合果汁饮料（见图14-7）。在上市之初，农夫果园即被业界称为"摇出了果汁行业的新天地"，"喝前摇一摇"也继"农夫山泉有点甜"后成为农夫山泉又一家喻户晓的广告语。农夫山泉公司针对混合果汁的特点，将果汁系列命名为"农夫果园"，这一品牌给人的联想是和谐纯朴的果园风情，宁静悠远的天然环境增加了果汁来源的真实性；这一名称也注意结合农夫山泉，延续"农夫"的品牌优势。这一与众不同的命名，还具有很好的延伸性，以后出台新的果汁饮料可以统一放在"农夫果园"的旗下，品牌的推广可以为以后的新品积累影响力。

图14-7　混合果汁饮料

并且，农夫果园延续着农夫山泉"天然、安全、健康"的理念，在果汁中保留了大量的水果本身的果肉纤维，富含VC，有益于人体健康。

2004年，中国功能饮料市场正处于启动时期。中国人的生活节奏加快、工作压力加大，消费水平提升，急速改变了人们的健康和营养观念，功能饮料开始被国人接受，并发展成继果汁之后引领饮品消费的又一个新热点。善于抓住机遇的农夫山泉于2004年顺势推出了"尖叫"功能性饮料，获得巨大成功，使得农夫山泉成功实现了向综合性饮料企业的转型。

2011年，农夫山泉推出东方树叶无糖茶饮料（见图14-8）。这是被称为"一款不赚钱，但一直没有被农夫山泉砍掉的产品"。无糖茶饮料市场在东方树叶上市之前几乎是一片空白，农夫山泉公司想占领这片蓝海小众市场。东方树叶这个名字的由来也很有故事。1610年，中国茶叶乘着东印度公司的商船漂洋过海，饮茶之风迅速传遍欧洲大陆，因一时不知如何命名，且其来自神秘的东方，故被称为"神奇的东方树叶"。因此农夫山泉便将第一款无糖茶饮料以此命名，富有中国风又令人印象深刻。

图14-8　无糖茶饮料

东方树叶的核心目标群体是事业有一定成就的中青年人士，这一群体大多生活在城里中，并且和农夫山泉的忠实用户有较大的重叠，其本身也符合农夫山泉"天然健康"的品牌形象。东方树叶的包装也很有中国风格，曾获2012年Pentawards国际包装设计大奖饮料类银奖。

2015年末，农夫山泉带着其谋划八年的产品——17.5° NFC果汁（见图14-9），成为国产饮料市场中杀出的一匹黑马。同时带来的还有农夫山泉的17.5° 橙子（见图14-10）。17.5° NFC（非浓缩还原果汁）定位高端饮料，每瓶售价约14元。钟睒睒曾说："几年内，谁要是说能做出比我更好的橙汁，我连看都不看他一眼。"因为早在 2007 年，钟睒睒便看准了江西赣州脐橙，布局农业。历经近十年，才带来自己满意的产品。一直以来，非浓缩还原果汁因生产成本高，包装难度大，以及需冷链运输，鲜有饮料企业涉足。2015 年之前，国内市场上几乎都是清一色的浓缩还原果汁，非浓缩还原果汁市场一片空白。这也使得钟睒睒的非浓缩还原果汁一经问世，便取得了相当不错的市场反应——不仅成为 G20 杭州峰会餐桌上的饮料，更在新品推出的当年就实现销售收入超 5 亿元。

图 14-9　17.5°NFC 果汁

图 14-10　17.5°橙子

图 14-11　茶 π

最后要提到的是 2016 年推出的茶 π（见图 14-11）。它被农夫山泉定位为专为 90 后、00 后设计的一款轻茶饮料，在茶中添加果汁成分，迎合年轻消费群的口味需求，口感清新爽利。漫画涂鸦式的包装，显得俏皮清新、缤纷多彩，让整个包装显得大气美丽。相对于同类产品偏幼稚的包装，茶 π 的包装更大气，使得它受众更广。就产品推广而言，2016 年茶 π 上市时签约韩国青年人气组合 BIGBANG，成为茶 π 形象代言人，并携手 BIGBANG 进行了全方面的推广；2017 年底，茶 π 又携手当红明星吴亦凡，将明星代言为企业带来的效益实现了最大化，为茶 π 培育了一大批忠实的新生代消费者。

4. 内在 DNA 分析

通过对农夫山泉经典产品的分析，可以发现农夫山泉产品内在的 DNA——天然、安全、健康。农夫山泉产品中，无论是瓶装天然水，还是维生素水、东方树叶和 17.5°NFC 果汁，始终贯彻的要求是天然、安全、健康。农夫山泉针对不同用户群体有不同的特色产品，并且产品多清淡适口，对身体有益，这使得农夫山泉成为老少皆宜的饮料品牌，领跑中国饮料市场。

三、企业战略

创始人钟睒睒曾说过:"企业不会营销,就是木乃伊。"这句营销界的名言,被钟睒睒充分应用到了农夫山泉的企业战略上。除了前文提到的细分市场外,农夫山泉的企业战略还包括其精致的包装设计、创新性的跨界营销和充满情怀的广告推广。

1. 产品包装设计战略

现在的包装设计,不再仅仅是单纯地把产品包装进去,随着人们生活品质的提高,品牌意识也大大提升。包装设计将带给用户对品牌形象的第一感觉。好的包装设计可以大大提升用户对产品的印象,不仅能第一时间吸引用户,甚至更会让许多用户为了收集包装而产生购买欲,留住用户群。

农夫山泉的包装设计在不同系列产品线上有着不同的风格,而农夫山泉也因包装设计屡获国际设计大奖而被戏称为设计公司。因此,成功的包装设计是农夫山泉的一项重要企业战略。

插画风格

有消费者曾对着茶 π 说过:"包装真好看,一看这个插画风格的包装,就知道准是农夫山泉出的。"这说明农夫山泉已经成功创造出了一个品牌形象的 DNA。

农夫山泉尤其偏爱在针对年轻用户群体的产品线上使用插画风格的包装。这样的插画风格出自英国 Horse 设计公司的插画师 Brett Ryder 之手,符合年轻人的喜好,精美而俏皮。

极简风格

农夫山泉的极简风格主要应用在玻璃瓶高端水上。这款玻璃瓶也是由英国设计公司 Horse 设计完成,图案精致细腻、动植物活灵活现,又因为颜色和玻璃材质的选择,而使得它极富简约、高级之美。这款包装设计也荣获 2015 年 Pentawards 铂金奖。

中国风

农夫山泉的中国风包装设计主要应用在"东方树叶"无糖茶饮料的产品包装(见图 14-12)上。这款产品将外在包装设计与产品本身的主题"神秘的东方树叶"相结合,并围绕与茶相关的古代中国故事进行设计表现,使整个设计很有中国风。如此富有特色的中国风包装设计是邀请英国设计公司 Pearlfisher 主持的,在 2012 年获得了 Pentawards 银奖。

图 14-12 "东方树叶"无糖茶饮料包装

日式文艺

图 14-13 打奶茶系列包装

最后要介绍的是农夫山泉的日式文艺风包装设计风格,该风格主要应用在农夫山泉 2014 年推出的打奶茶系列,符合奶茶饮料本身的优雅、文艺(见图 14-13)。这款产品定位于现代年轻群体,从而包装设计的色彩搭配文艺又复古,而瓶型的设计与茶叶的竹制搅拌器(茶筅)相似,为这款奶茶产品赋予了自然气息,让消费者从侧面了解它的真材实料——采用真正的天然茶叶冲泡。日式文艺风的包装与奶茶饮料本身的呼应,让这款产品由内而外都十分与众不同。

外在 DNA 分析

农夫山泉对其品牌下不同系列产品线定位了不同的包装设计,每一个系列都形成了独特的风格,但都围绕着"大自然"这个主题,充分运用自然生物的本身造型并契合产品主题,因而可以总结其包装设计的 DNA 为"敬畏大自然",这也符合农夫山泉的品牌理念。农夫山泉善于运用包装的色彩和风格搭配来使产品形象深入人心,做到让消费者"一看便知"。

2. 跨界营销战略

近几年,农夫山泉一改往常的"专心"生产水,摇身一变开始跨界合作,将营销手段发挥到极致。

与二次元手游的跨界合作

相比 2016 年爆火的茶 π，同年推出的果味水在 2016 年的表现其实显得乏善可陈。因此，在 2017 年，农夫山泉决定针对其不温不火的市场表现赌一把——跨界与二次元手游进行合作。而所选的手游，则是 2016 年下半年推出的手机游戏阴阳师。对于目标群体为年轻人的果味水来说，阴阳师是一个契合程度相当高的品牌形象。这款包装获得了阴阳师式神的形象授权，人气式神的形象印在瓶身（见图 14-14），新装上市后受到年轻人的热捧。不仅如此，农夫山泉还开展了揭盖赢好礼的活动，提供了许多游戏内的珍贵道具供抽奖，对于玩家来说具有颇高的吸引力。果味水这款产品从鲜有人知到受到追捧，充分展现了这次跨界营销的成功，也体现了农夫山泉相当敏锐的市场嗅觉。

图 14-14 "阴阳师"包装

与"网易云音乐"的跨界合作

2017 年，农夫山泉与网易云音乐也展开了跨界合作。农夫山泉精选了网易云音乐评论里的 30 条文案，并用网易云音乐的黑胶唱片拼成农夫山泉的山水 LOGO，印到了 4 亿瓶农夫山泉基础款瓶装水的瓶身上，使得这款"乐瓶"文艺范十足（见图 14-15）。此次跨界，击中了许多消费者的内心，也成功吸引了大批用户踊跃收集瓶子，将这款普通的瓶装水变成了情怀的寄托品。

图 14-15 联名包装

与 AR 黑科技的跨界合作

2017 年，农夫山泉在茶 π 瓶身设计中加入了 AR（Augmented Reality，增强现实）技术，用户通过移动端手机 QQ 的 AR 扫码，扫描 "茶 π" 饮料瓶身的正面，即可突破二维平面人物的限制，全方位多角度与品牌代言 BIGBANG 组合互动，与爱豆"合影"（见图 14-16）。这是利用计算机生成的一种虚拟影像（如生成 GD 视频、BIGBANG 挂件），用户可通过设备"沉浸"到这个环境中，实现 AR&MR，即真实环境与虚拟物体之间存在交互的应用场景。此次与 AR 黑科技的跨界合作，让农夫山泉不再局限于平面包装，成为高科技的实践者，受到了颇多消费者的青睐。

图 14-16　与 AR 黑科技的合作

与西方红鼻子节的跨界合作

红鼻子节起源于英国喜剧救济基金会（Comic Relief）。这家机构成立于 1985 年，如今是英国的慈善机构，宗旨是打造"一个没有贫困的公正世界"。这家基金会的名字叫喜剧，他们认为，公益应该是整个人类社会的一场喜剧，应该是娱乐的、轻松的、让人快乐的。1988 年，喜剧基金会诞生了一个奇妙的想法：能不能让募捐者戴上小丑的红鼻子，在给人欢笑的同时做公益呢？这个看起来很"不正经"的想法，衍生了如今英国最知名的公益节日之一——红鼻子节。

2017 年 12 月，在了解了红鼻子的故事后，农夫山泉被这种快乐做公益的精神所打动。因此农夫山泉与基金会达成协议，以"戴上红鼻子，快乐做公益"为主题，农夫山泉将在本次活动中为中国贫困山区的孩子们送上 25 万份免费午餐。

图 14-17　与红鼻子节的合作

活动期间，农夫山泉把 30 万个红鼻子戴在红色瓶盖上免费送给大家。这一举动给消费者带来了新奇体验，并在不知不觉中接受了这种公益模式，完成了两个品牌跨界合作的情感关联。农夫山泉希望大家可以戴上红鼻子，一起将这份快乐传播出去，让更多人知道红鼻子节（见图 14-17）。

农夫山泉还在上海、杭州都设置了主题快闪店，将红鼻子节的欢乐公益从视觉到体验直接打通。比如自带美图的自拍神器，体验者站在可测范围内面对显示屏，就会被准确匹配戴上红鼻子，在玩闹中感受本次公益活动的主题。而父母也可以带上孩子来到店中，在玩耍嬉戏的同时，还能用言传身教的方式让小朋友从小就树立公益意识（见图 14-18）。

图 14-18　红鼻子节创新体验活动

农夫山泉不走寻常路的创新性公益活动还携手了京东物流（见图 14-19），将多维度跨界进行到底。这些带着红鼻子的配送员，将欢乐公益的精神分享给每一位参与者。

与红鼻子节的跨界合作，全方位、多维度地传播了公益正能量，农夫山泉也因此贯彻了自己真诚和富有情怀的品牌理念。

图 14-19　与京东联手举办红鼻子节公益活动

与生肖的跨界合作

图 14-20　"好水旺财"

从 2016 年起，农夫山泉每年都会在开年之际推出一款全新限量版的生肖水，并且这款水并不售卖，只赠送，被称为"好水旺财"营销策略。每年农夫山泉赠出的"生肖水"，都是曾经拿下五大国际设计奖项的玻璃瓶纪念套装，整体外观优雅而美丽，给人一种非常舒适的视觉享受（见图 14-20）。每一年的"生肖水纪念套装"都是全球限量，极具收藏价值。从某种意义上来说，这样的方式还能进一步提高用户对活动的参与热情和想要获得"生肖水"的欲望。所以每一年的生肖水赠送活动都能吸引大量用户参与。

农夫山泉之所以选在新年送水，是由于中国传统素来都有"水为财"的说法。过年过节，家家户户，备水旺财。而农夫山泉在全国拥有八大水源地，水质以天然健康著称，可谓是好水。借此也很好地向人们传达了品牌的新年祝福"好水旺财"。

2016 年，农夫山泉送出 15 万套金猴玻璃瓶；2017 年，农夫山泉送出 20 万套金鸡玻璃瓶；2018 年，农夫山泉又送出 24 万套金狗玻璃瓶。

"生肖水"都是在固定的几个时间段通过微信官方公众号抽奖获得的，2018 年则是通过扫描农夫山泉瓶身"好水旺财，金狗贺岁"的二维码进行抽奖。

从表面上来看，整个活动只有细微的调整，只是为了让每一个用户都能够很轻易地参与进来；但背后，不难看出农夫山泉对年轻人的深刻洞察，紧密衔接线下商铺，增强消费者在购物时的趣味性与参与感，将品牌所想传递的"喜悦"真正融入人们的生活之中。同时也建立了沟通枢纽，从而巩固用户关系。通过一个扫码抽奖的方式，让用户在参与上拥有更多的可选择性，可以去找自己最中意的瓶身二维码进行扫码参与。

农夫山泉近年来创新性的跨界营销战略，对年轻人具有较大的吸引力，在留住老用户的同时，增加了一批新的用户，有效巩固了自己的企业地位。

3. 广告营销战略

从"农夫山泉有点甜"到"我们不生产水，我们只是大自然的搬运工"，农夫山泉的广告营销一直是广告圈的经典案例。而农夫山泉的营销主题始终围绕"真诚、情怀、敬畏大自然"的品牌理念。

重塑品牌形象

2013年遭遇"标准门"后，农夫山泉开始重塑品牌形象，首先改变的便是广告营销。2014年3月14日晚，央视焦点访谈后播出了农夫山泉的广告——一段长达5分钟的纪录片。此广告是《美丽中国，美丽的水》系列之一，采用纪录片手法，实地、实景讲述了农夫山泉12年来如何在长白山寻找水源、建设工厂的艰辛历程。纪录片广告的最大优势，在于对环境的极致拟真，以峨眉山、长白山雨季给勘探队员带来的险阻，几百次专业的检验，以及历时几年的艰辛考察，为观众呈现出一个负责、认真、专业的团队和企业形象，也是对2013年"标准门"的回答，告诉大众农夫山泉水质标准有多高。通过央视这个平台的播放，农夫山泉打了一场漂亮的翻身仗。

率先在国内推出可跳过广告

在国外的 Youtube 上，可跳过广告非常常见，你只需观看5秒就可以选择要不要跳过该广告，但此种广告形式在国内网络视频上还没有普及。

图 14-21　农夫山泉推出可跳过广告

农夫山泉在2015年就率先尝试推出可跳过广告，即使是非会员也可选择跳过（见图14-21）。率先运用的是农夫山泉一则名为"从水源到产品"的时长为135秒的广告。推出"可跳过"选择后的效果令人吃惊，因为跳过率大约只有30%，更多的消费者选择完整观看，甚至有许多用户表示只是为了来看一眼这个广告而打开的视频播放器。这其实也反映了很多消费者的一种逆反心理："你说可以跳过，但我偏偏想看看到底里面讲了些什么"。而且，这样一种形式其实是从用户的角度出发，大大提高了用户的观看体验，也提升了品牌形象。

延续纪录片广告风格

自 2014 年运用纪录片风格拍摄广告取得成功后，2016 年，农夫山泉为 20 周年推出 4 支广告，分别是《一天的假期》《一个人的岛》《一百二十里——肖帅的一天》和《最后一公里》。通过纪录片的形式，分别讲述了 4 个不同地区、不同职位的普通劳动者的故事，以小见大，全程没有一句赞扬农夫山泉的话，但是紧凑的故事性却吸引了人们专门去观看，也成功再次推广了农夫山泉。

广告的统一调性（DNA）

广告从企业内部挖掘出的内容很容易保持一贯性，但邀请明星代言就不一定了。2016 年，农夫山泉茶 π 与 BIGBANG 的合作广告，按照传统做法，应该是 BIGBANG 站在满是闪光灯的舞台上，与台下千万粉丝互动，最后再带出产品。

但农夫山泉仍然延续了其一贯的纪实风格，画面朴实、真诚真实，以 BIGBANG 每个成员自述成名背后的心路历程为主线，告诉观众为何他们如此受欢迎。虽然在广告中没有刻意渲染农夫山泉的产品，但通过每个成员不同的感悟，去凸显出茶 π 产品不同口味的个性。

在营销环境快速变化，很多品牌都希望随势而动、跟风就上的当下，要保持统一的调性确实需要很大的定力，而农夫山泉恰恰做到了这一点，才形成了自己的广告 DNA。

四、野史与趣闻

2017 年，一则新闻迅速霸占头条——"农夫山泉卖面膜了"（见图 14-22）。这样的新闻吸引了众多消费者的目光。

更有趣的是，不仅是面膜，还有化妆水等各种护肤品。然而仔细一看才发现，这套化妆品和农夫山泉似乎没啥关系，化妆品的标识只写着"养生堂"。

其实是农夫山泉的母公司——养生堂集团，发布了天然桦树汁补水系列护肤品，产品均以"桦树汁"为原料，主打"天然补水不用水"的理念。是其创始人钟睒睒为了推出化妆品，蹭了自家龙头品牌农夫山泉的热度。这套护肤品

图 14-22 "农夫山泉卖面膜了"

系列成功地吸引了大众的注意，保持了一段时间的热度。许多农夫山泉的粉丝在此之前便已经使用农夫山泉水敷脸，在得知农夫山泉出面膜后自然而然地想要尝试，而一旦使用后发现确实不错，便不会再介意它的品牌究竟是"农夫山泉"还是"养生堂"。钟睒睒的独到眼光和精妙的营销，使得多年来他创造的品牌大多屹立不倒、在各个商业领域发光发热。

五、小结

农夫山泉的成功，很大一部分得益于其创始人钟睒睒对于市场的独到眼光。通过其开拓的国内婴儿水市场、非浓缩还原果汁市场，还有率先实行可关闭广告等，都表明企业的成功需要善于抓住机遇，先声夺人。

另外，农夫山泉对于市场的细分，为自己留住了不同年龄阶层的用户群体，从而维持并扩大了市场需求量，稳固自己行业领先者的位置。

最后，成功的广告营销其实来源于品牌的真诚。农夫山泉品牌营销的成功，核心在于其贯彻的品牌理念。农夫山泉这些年来对于公益的关注、对于产品一系列流程的真实展现、对于产品内在"天然、安全、健康"的把控，与消费者的沟通互动，都让消费者体会到来自农夫山泉这一品牌的用心。这样的情怀之路，才能最终留住消费者，才能让农夫山泉成为"进击的巨人"。

第15章 B&O：品位和质量先于价格

一、B&O 简史

1925 年，两名年轻丹麦工程师 Peer Bang 及 Svend Olufsen 以微薄的资金租了间小房间作为工厂，创立了 B&O，90 多年后两名工程师的理念仍被延续下来，B&O 品牌的成功为设计界提供了无穷的启发。B&O 公司诞生于丹麦小镇 Quistrup，如今 B&Q 总部建筑（见图 15-1）极具现代主义风格，强烈体现着 B&O 独特的美学风格和设计哲学。B&O 品牌成了丹麦最有影响、最有价值的品牌之一。今天的 B&O 产品已成为"丹麦质量的标志"。

图 15-1　B&O 总部建筑

B&O 的产品一开始就定位于追求品位和质量的消费阶层。这种定位确立了 B&O 公司独特的设计策略和管理模式，也形成了公司在市场上的独特地位和鲜明形象。在 20 世纪 60 年代，B&O 提出了"B&O：品位和质量先于价格"的产品理念。这一思想也成了企业战略的重要工具，奠定了B&O传播战略的基础和产品战略的基本原则。此后，B&O设计便以一种崭新的、独特的风格出现于世人眼前。

最早体现出B&O特定风格的产品设计是1967年由著名设计师Jacob Jensen设计的Beolab5000立体声收音机（见图15-2）。B&O公司给Jensen的设计任务书要求他"创造一种欧洲的Hi-Fi模式，能传达出强劲、精密和识别特征"。Jensen创造性地设计了一种全新的线性调谐面板，其精致、简练的设计语言和方便、直观的操作方式确立了B&O经典的设计风格，广泛体现在其后的一系列产品设计之中。Jensen在谈到自己的设计时说："设计是一种语言，它能为任何人理解……"。

图15-2　Beolab5000立体声收音机

对B&O而言，设计不是一个美学问题，它是一种有效的媒介，通过这种媒介，产品就能将自身的理念、内涵和功能表达出来。因此基本性和简洁性应是产品设计的两个非常重要的原则。产品的操作必须限制在基本功能的范围内，去掉一切不必要的装饰。米斯的"少就是多"的法则在B&O设计中得到了充分的实现，其目的是使用户与产品之间建立起最简单、最直接的联系。

为了保持B&O公司独特的个性，创造统一的产品形象，公司在设计管理方面做出了很大的努力，并卓见成效。出于多方面的考虑，公司并没有自己的专业设计部门，而通过精心的设计管理来使用自由设计师，建立一致的设计特色。尽管公司的产品种类繁多，并且出于不同设计师之手，但都具有B&O风格，这就是公司设计管理的成功之处。

二、B&O的设计哲学

B&O公司的设计管理前负责人巴尔苏是欧洲设计管理方面的知名人士，他在谈到自己的工作时说："设计管理就是选择适当的设计师，协调他们的工作，并使设计工作与产品和市场政策一致。""他们认为如果B&O公司没有明确的产品、设计和市场三个方面的政策，公司就无法对这些居住分散、各自独立的自由设计师进行有效的管理，也就谈不上B&O的设计风格。为此，公司在20世纪60年代末就制定了七项设计基本原则：

■ 逼真性：真实地还原声音和画面，使人有身临其境之感。

■ 易明性：综合考虑产品功能、操作模式和材料使用三个方面，使设计本身成为一种自我表达的语言，从而在产品设计师和用户之间建立起交流平台。

■ 可靠性：在产品、销售及其他活动方面建立起信誉，产品说明书应尽可能详尽、完整。

■ 家庭性：技术是为了造福人类，产品应尽可能与居家环境协调，使人感到亲近。

■ 精练性：电子产品没有天赋形态，设计必须尊重人－机关系，操作应简便。设计是时代的表现，而不是目光短浅的时髦。

■ 个性：B&O 的产品是小批量、多样化的，以满足消费者对个性的要求。

■ 创造性：作为一家中型企业，B&O 不可能进行电子学领域的基础研究，但可以采用最新的技术，并把它与创新性和革新精神结合起来。

B&O 公司的七项原则，使得不同设计师在新产品设计中建立起一致的设计思维方式和统一的评价标准。另外，公司在材料、表面工艺以及色彩、质感处理上都有自己的传统，这就确保了设计在外观上的连续性，形成了简洁、高雅的 B&O 风格。

三、B&O 产品：把机械技术升华为艺术

在产品的形态风格方面，B&O 产品具有以下特点：

（1）质量优异、造型高雅、操作方便并始终沿袭公司一贯的硬边特色

（2）精致、简练的设计语言和方便、直观的操作方式，风格独特，与众不同

（3）具有贵族气质，简洁、高雅

（4）以简洁、创新、梦幻称雄于世界

（5）体现一种对高品质、高技术、高情趣的追求

（6）简约风格、经久耐用、操作简易，力求让产品与居住环境相融合

（7）拥有全球最具创意的设计，融合了顶尖的技术成果

1991 年，Beosystem 2500 音响系统（见图 15-3），标志着 B&O 开始与通行的黑色、毫无个性的方盒子音响组合告别，开创了一种全新理念的立式"全一体化系统"，并且以多变的色

彩来迎接后工业时代"高技术、高情趣"的大趋势。

在 Beosystem 2500 音响系统之后，B&O 陆续推出了一系列新概念音响系统、电视机、电话机等产品。BeoSound Century 壁挂式音响系统（见图 15-4）是一款小巧、精致的全一体化产品，它的红外线遥感装置可以探测到手的运动，并控制玻璃门的侧向启闭。

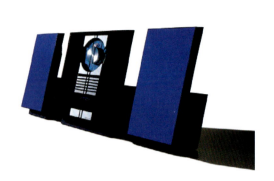

图 15-3 Beosystem 2500 音响系统　　　　　图 15-4 BeoSound Century 壁挂式音响系统

BeoSound 9000（见图 15-5）则把 B&O 的设计理念推向了极致，该机可以实现 6 碟连放，轻巧、透明的机体可以平放、竖放，也可以垂直或水平地挂在墙上。人们可以一边欣赏音乐，一边观赏 CD 上多彩的平面设计以及激光拾音器的精确运动，真正把机械技术升华为艺术。

图 15-5 BeoSound 9000

B&O 的音箱设计一直独具特色，尤其以 Lewis 设计的所谓"铅笔"形音箱（见图 15-6）令人瞩目。Lewis 的梦想是设计一种无形的音箱，以达到纯而又纯的音响效果。因此他的音箱设计尽量做到小巧轻薄。

图 15-6　"铅笔"形音箱

四、B&O 策略

虽然大部分的音响公司很少在设计方面投入额外的心力，但是，B&O 不一样。该公司的设计是由一个六人小组所负责的，以经验丰富的英国设计师 David Lewis 为主任，其中也包括年轻的新星 Anders Hermansen。他们的设计理念是：设计其实就是各种不同传统技术的呈现而已。透过设计可以让这些技术的价值提高。B&O 许多技术上的细节，都可以看到设计师们的用心，例如精巧活动式的玻璃门以及应用软体等。

昙花一现的技术在这里根本不重要。该公司重视的是长期可塑性的技术，并且不做价格上的恶性竞争。自 1992 年起，设计师 Anders Knusten 成为 B&O 负责人之后，"沟通"就成为重要的守则。该公司的行销部门被赋予"故事大师"的盛名，他们试图透过产品让全世界了解该公司的价值观。

B&O 商业发展执行副总裁 Carl Henrik Jeppesen 表示，B&O 与其他视听产品最大的不同在于，它是先发展出设计的概念，然后再从科技面寻求解决的途径，与一般产品先开发科技再谈设计的发展概念刚好相反。B&O 没有专属设计师，所有设计师皆是外聘的，自由从事于各种设计领域，如此才能维持设计思维的活力与创新。2005 年，B&O 与 SAMSUNG 合作开发的手机就是这方面的典型案例（见图 15-7）。

经营策略不以市场占有率为标杆。尽管有些消费者因为价格问题稍有犹豫，B&O 绝不将市场占有率奉为经营准则，自然不以压低价格求取高销售量。B&O 有根深蒂固的企业文化与价值，从来都是以其走在时代前端的设计与产品品质为荣，早期更走过一段"不论市场、只问设计"的惨淡经营期。当然利润是企业生存的前提，经过现任总裁 Anders Knutsen 的改革，B&O 逐渐成长，实现了商业成功与艺术价值并进。B&O 公司 1973—2020 年的部分产品如图 15-8 和图 15-9 所示。

图 15-7　手机

图 15-8　1973—2020 年的部分产品 1

图 15-9　1973—2020 年的部分产品 2

五、B&O 的核心价值

设计是一种语言，用以表达自己，不过若没有可说的内涵，语言仍无助于表达。Anders Knutsen 表示，B&O 的核心价值就是 B&O 最大的内涵与资产。他指出，B&O 产品的材质与色彩或许可以被模仿，但企业价值是无法被模仿的，企业的核心价值是一个企业生存的必要条件。核心价值并非消耗品，所以不会随着使用而减少，相反，会因有效的发挥而彰显，企业员工必须深刻了解、认同并内化该价值，否则价值将会遗失。而企业价值就是工作的理念与方式。B&O 的员工对公司有高度的认同，并深以 B&O 优良的品质形象为荣，员工与品牌的这股双向吸引力使 B&O 数十年来一直维持其品质与形象不坠。

B&O 以产品的设计作为与外界沟通的语言，借以传达企业的价值观；除传统的外观取向外，对产品的功能一直努力突破，更传达出企业对科技的展望（见图 15-10）。

图 15-10　B&O 产品

B&O 这样谈论自己的核心价值：

我们举世闻名的原因是 B&O 有一个目标，就是要与众不同。

在这个到处充斥着塑料制品和肤浅技术的世界上，我们所崇尚的是创造性加上严谨的制作，令我们的产品独树一帜。

我们相信，这些产品是独特技术、新颖设计和无比魅力的结合物。它们的个性会使人感觉自己与众不同，从而建立起一种强烈的情感联系。

我们必须时时用看似不可能的方案来挑战自己。只有这样，我们才能创造出出人意料的东西。

我们绝不模仿他人，绝不造假。我们努力生产具有独创性的杰作，因为世人都欣赏有永恒价值而不是随手可弃的物品。

我们会保持领先地位，因为人们期望我们如此。

六、小结

展望未来，Anders Knutsen 指出，人的生活形态可分成两方面来看，一是以价格因素为中心思考，所以大型平价卖场是最终目的地；二是从产品的观点来看，以品质与梦想为最重要考量，而未来属于制造梦想的、有故事可说的品牌。

虽然誉满全球的 B&O 产品是如此的成功，但和所有的产品一样，B&O 同样经受着时代变迁的挑战，国际设计管理协会的一篇论文中，这样描述了 B&O 公司未来的威胁：

过快的媒体形式的改变与力求经典永恒的 B&O 理念的矛盾；

价格竞争正逐步缩小以高品质设计和用户体验为基础的 B&O 用户市场；

视听技术逐步向非物质化发展，使用者价值逐步依靠互连共享、升级和虚拟界面，而减弱对机械结构的依靠；

尽管 B&O 面临时代的挑战，但个性鲜明的 B&O 产品一定会如人们的期望，保持独立超群的领先地位并与时代一同前进，继续留下经典的杰作。

反侵权盗版声明

电子工业出版社依法对本作品享有专有出版权。任何未经权利人书面许可，复制、销售或通过信息网络传播本作品的行为，歪曲、篡改、剽窃本作品的行为，均违反《中华人民共和国著作权法》，其行为人应承担相应的民事责任和行政责任，构成犯罪的，将被依法追究刑事责任。

为了维护市场秩序，保护权利人的合法权益，我社将依法查处和打击侵权盗版的单位和个人。欢迎社会各界人士积极举报侵权盗版行为，本社将奖励举报有功人员，并保证举报人的信息不被泄露。

举报电话：（010）88254396；（010）88258888
传　　真：（010）88254397
E-mail：　dbqq@phei.com.cn
通信地址：北京市海淀区万寿路 173 信箱
　　　　　电子工业出版社总编办公室
邮　　编：100036